KB275860

소문난
디저트 가게

서은혜 지음

BM 성안북스

Foreign Copyright:
Joonwon Lee
Address: 10, Simhaksan-ro, Seopae-dong, Paju-si, Kyunggi-do,
          Korea
Telephone: 82-2-3142-4151
E-mail: jwlee@cyber.co.kr

사장 엄마를 꿈꾸는
소문난 디저트 가게

2018년 1월 22일 1판 1쇄 발행
2018년 9월 10일 1판 3쇄 발행
지은이 서은혜
발행인 최한숙
펴낸곳 BM 성안북스
주소 04032 서울시 마포구 양화로 127 첨단빌딩 5층(출판기획 R&D 센터)
     10881 경기도 파주시 문발로 112 출판문화정보산업단지(제작 및 물류)
전화 02)3142-0036
     031)950-6386
팩스 031)950-6388
등록 1978. 9. 18 제406-1978-000001호
출판사 홈페이지 www.cyber.co.kr
이메일 문의 sunganbooks@naver.com
ISBN 978-89-7067-334-9 (13660)
정가 18,000원

이 책을 만든 사람들
책임 진행 전희경
편집팀 이소정
기획 진행 앤미디어
디자인 앤미디어
홍보 박연주
마케팅 구본철, 차정욱, 나진호, 이동후, 강호묵
제작 김유석

■ 도서 A/S 안내

성안북스에서 발행하는 모든 도서는 저자와 출판사, 그리고 독자가 함께 만들어 나갑니다.
좋은 책을 펴내기 위해 많은 노력을 기울이고 있습니다. 혹시라도 내용상의 오류나 오탈자 등이 발견되면 "좋은 책은 나라의 보배"로서 우리 모두가 함께 만들어 간다는 마음으로 연락주시기 바랍니다. 수정 보완하여 더 나은 책이 되도록 최선을 다하겠습니다.
성안북스는 늘 독자 여러분들의 소중한 의견을 기다리고 있습니다. 좋은 의견을 보내주시는 분께는 성안당 쇼핑몰의 포인트(3,000포인트)를 적립해 드립니다.

잘못 만들어진 책이나 부록 등이 파손된 경우에는 교환해 드립니다.

디저트가 있는 하루,
달콤한 위로와 격려

나만의 베이커리
나만의 디저트 가게
영화에 나올법한 샤랄라 한 그림

여자라면 한 번쯤 꿈꾸어 볼 로망이지요.
그런데 제가 해보니 현실은 결코 녹록하지 않았습니다.
환상만으로는 창업을 할 수 없기 때문이지요.

많은 창업자를 배출하며 때마다 느끼는 교훈이 있습니다.
더욱이 첫 창업이라던

첫째, 작게 차리는 것이 좋다.
둘째, 작은 가게 운영에 대해 공부하자.
셋째, 완벽하게 갖추고 창업하기를 바라지 말고 조금 서툴러 실수하더라도 용기
　　　를 내어 도전하자.

늘 이렇게 권유하고 컨설팅하여 실제로 수강생분들은 작은 가게를 성공적으로 운
영하고 있습니다. 그들에게 전수했던 기본에 충실하고 정직한 레시피와 창업 노하
우까지 이 책 구석구석 실전 경험을 살뜰히 담았습니다.

누군가에게는 디저트 만들기에 첫발을 내딛는 책이 되기를,
누군가에게는 용기와 도전의 기회를 주는 책이 되기를,
누군가에게는 현실적인 창업의 길잡이가 되기를 소망합니다.

이 책에 실은 레시피들은요,
초보자라도 충분히 도전해 볼 수 있는, 유행을 타지 않고 기본에 충실한 레시피면
서 사람들이 많이 찾고 좋아하는 베스트셀러 아이템이랍니다.

나를 위한 소박한 디저트라도 좋습니다.
가족과 함께하는 간식으로도 좋고요.
이 중 독특한 재료가 들어간 레시피는 판매를 염두에 둔 분들께 아이디어를 줄 수도 있을 것입니다.

처음 도전하는 분들이라면 직접 만들어 봐야지 글로만 배울 수는 없지요.
저 역시 어설프게 만들던 설익은 하루하루가 쌓이고 또 쌓이니 비로소 판매할 수 있는 제품들이 만들어졌답니다.
다행히 헛발질은 없었습니다. 실수한 만큼, 실패한 만큼, 딱 그만큼씩 실력이 쌓였어요.
구석구석 보물 찾기 하듯 담아둔 팁들도 꼼꼼히 읽어보시면 도움이 되실 거예요.
부디 이 책과 함께하는 과정이 달콤하고 즐거운 경험이 되길 바라고, 더불어 꿈을 향해 한 발짝 내딛는 계기가 되기를 바랍니다.

하루의 깊은 시름과 고단함도 잊히는 달콤한 디저트와 만나 보세요.
제가 디저트로부터 치유받는 만큼 이 사랑스러운 디저트들이 여러분의 크고 작은 상처에 입김을 불어 넣었으면 좋겠습니다.

마음의 든든한 후원자, 사랑하는 부모님이 살아계실 때 책을 안겨 드릴 수 있어 무엇보다 기쁩니다. 지금의 저를 있게 해주신 부모님께 가슴 가득 사랑을 전합니다. 가장 가까이에서 끊임없이 조언해주고 든든하게 곁을 지켜주는 남편에게 애정을 보냅니다.
사랑스러운 아들 하준이의 책장 한편에 엄마 이름이 새겨진 책을 꼽아줄 수 있어 설레기도 합니다. 엄마의 첫 번째 책이 아이에게도 소중한 선물이 되었으면 합니다. 책을 집필하는 내내 아이와 함께해 주셨던 박일순 선생님 정말 감사합니다.
지켜봐 주시는 이웃분들과 주위 분들, 변변찮은 저를 믿어 주시고 전국에서 또 비행기 타고 멀리서 교육을 받으러 와주시는 모든 선생님께 마음으로부터 진심 어린 감사의 말씀을 전합니다.

한 권의 책을 위해 저 멀리 파주에서 세 번의 계절이 바뀔 때까지 애써 주신 성안북스 출판사 관계자분들께 진심으로 감사드립니다. 작은 것 하나하나 보듬어주시고 섬세하게 돌봐주신 앤미디어 김남권 실장님과 책을 편집하고 예쁘게 디자인해 엮어주신 앤미디어 식구들에게 감사의 말씀을 드립니다.

금수저로 태어나지 않았음에 감사합니다.
쉽게 얻어지는 것에 익숙했다면 분명, 인생을 대충 살았을 것 같습니다.
차곡차곡 노력한 결실이 책 한 권으로 탄생될 수 있어 무척 행복합니다.

마지막으로 부족한 저에게 책을 낼 수 있는 때와 지혜를 주신 하나님께 감사드립니다.

책을 통해 만나 뵙게 될 독자분들께도 미리 감사의 말씀을 전합니다.
이 책이 인생에서 새로운 미래를 선택하는 데 조금이나마 도움이 되기를 바라는 마음입니다.

모쪼록 이 책을 집어 든 모든 분께 좋은 일이 가득하기를 기도합니다.

루루아틀리에에서

서은혜

Contents

Part 1
주문이 밀려오는
작은 디저트 가게 '인기' 레시피

단호박 곶감 쿠키 39

에스프레소 사블레 43

호두 가루 초콜릿 칩 쿠키 47

호밀 쿠키 51

쫀득한 초콜릿 쿠키 55

통밀 땅콩 쿠키 59

오트밀 크랜베리 쿠키 63

밀크캐러멜 쿠키 67

실론티 쇼콜라 71

소보로 쿠키 75

코코넛 쿠키 79

가토 오 쇼콜라 83

시트러스 케이크 87

마블 코코 케이크 91

현미 파이 95

Baking Tip • 디저트 가게 쿠키처럼 예쁘고 맛있게 굽는 비결 10가지 ⋯ 34

Baking Tip • 베이커리 빵처럼 맛있게 만드는 비결 3가지 ⋯ 174

Contents

Part 2
작은 디저트 가게 '시작'하기

꼭 필요한 작은 가게 창업 노하우 9가지

수제 디저트를 위한 재료 이야기

1 가루

우리 밀을 제외한 모든 밀가루는 수입산입니다. 일반 마트에서 볼 수 있는 하얀 밀가루는 보통 수입산 밀가루를 국내에서 가공한 것이지요. 요즘은 대형 마트나 온라인몰을 통해 우리 밀도 어렵지 않게 구입할 수 있어요. 미국, 터키, 독일 등에서 유기농 밀가루도 수입되고 있으니 건강을 위한다면 우리 밀 또는 유기농 밀가루를 권합니다.

밀가루

밀가루는 단백질 함량에 따라 강력분, 중력분, 박력분으로 나뉩니다. '강력분'은 단백질 함량이 높아 글루텐이 잘 형성돼요. 탄성이 생기고 수분이 잘 달라붙어서 반죽이 크게 부풀어 오르고 쫄깃해져요. 주로 쫄깃한 빵을 만들 때 사용하지요. 반대로 '박력분'은 단백질 함량이 가장 낮아요. 부드럽고 섬세하며 폭신한 식감의 케이크나 바삭한 쿠키류를 만들 때 사용해요. '중력분'은 강력분과 박력분의 중간 정도 성질을 지녔어요. 적당한 탄력과 찰기가 있습니다. 다목적용이라고 쓰여 있고 수제비나 국수를 만들 때 사용하기도 하지만 베이킹에서도 흔히 사용해요. 부드럽고 쫄깃한 식감을 주기 위해 중력분과 박력분을 적절히 배합하기도 하고, 강력분을 배합하는 경우도 있고요. 어떻게 배합하느냐에 따라 식감이 조금씩 달라지는 재미가 있어요. '통밀가루'는 밀을 도정하지 않고 통째로 분쇄해 만든 것입니다. 밀의 껍질과 씨눈, 배아가 분리되지 않아서 일반 밀가루보다 식이섬유, 비타민, 무기질, 미네랄 등이 풍부해요. 고소한 맛도 진하고요. 통밀가루는 정제된 밀가루보다 섬유질이 많고 글루텐 함량이 낮아 식감이 단단해져서 정제된 밀가루와 적절히 혼합하여 부드러운 식감을 살리기도 해요.

추천 제품

· 국내산

　자연드림 우리 밀 밀가루

　한살림 흰 밀가루

　밀벗 우리 밀

· 수입산

　호주 라우키 유기농 강력/유기농 박력

　호주 키알라 유기농 중력/유기농 강력

　미국 밥스 레드밀 유기농 통밀가루/호밀가루

보관 방법

우리 밀, 유기농 밀가루는 소포장 단위보다(혹은 1kg 단위보다) 대용량으로 구매하면 저렴한 편입니다. 깔끔하게 보관하려면 1kg씩 나눠 밀봉해 사용해요.

Tip 장기간 보관할 경우 밀봉하여 냉동 보관하세요.

아몬드 파우더

껍질을 벗긴 통 아몬드를 곱고 미세한 입자로 간 것
이에요. 고소한 맛을 한층 더하죠. 아몬드 파우더
는 산패가 빠릅니다. 따라서 생산일이 되도록 최근
인 신선한 제품으로 구입하는 것이 좋습니다.

보관 방법

아몬드 파우더는 유분이 많습니다. 공기 중에 오
래 노출되면 산화되므로 반드시 밀봉하여 냉장 또
는 냉동 보관해요.

코코아 파우더

카카오 열매를 건조해 곱게 간 것으로, 무가당의
질 좋은 '발로나', '칼리바우트' 등의 코코아 가루
를 선택하세요.

녹차 가루

국내산 녹차 가루도 괜찮지만 일본산 마차(말차) 가
루는 녹차 가루보다 색과 향이 진하답니다.

링곤베리 파우더

북유럽의 혹독한 추위를 견뎌낸 열매인 링곤베리
를 동결 건조한 것을 간편하게 파우더 형태로 구입
할 수 있습니다. 아름답고 고운 색감과 상큼한 맛이
특징입니다. 우유, 물, 요거트에 타 먹기도 해요.

코코넛 파우더

코코넛을 건조시켜 곱게 빻은 것입니다. 부드럽고
고소하며 고유의 향이 있어 쿠키나 빵에 넣으면 향
긋함이 배가 됩니다.

옥수수 파우더

옥수수를 건조하여 곱게 갈은 가루입니다. 구수한
맛과 향이 좋아서 케이크, 머핀, 쿠키 등 베이킹에
서 다용도로 사용해요.

백설탕
유기농 설탕
흑설탕
슈가 파우더
꿀
굵은 소금

설탕

가정에서 흔히 사용하는 백설탕은 베이킹에 가장 적합합니다. 설탕은 기본적으로 단맛을 내는 것 이외에도 중요한 역할을 많이 한답니다. 첫째, 수분 보유제 역할을 해요. 식감을 부드럽고 촉촉하게 만들죠. 신선도를 지속시키고 노화도는 늦춥니다. 둘째, 반죽을 굽는 동안 제품을 먹음직스러운 갈색으로 만드는 역할도 합니다. 셋째, 빵을 만들 때 설탕은 이스트의 영양분이 되어 발효를 돕습니다. 넷째, 달걀 거품을 단단하게 유지해 반죽을 잘 부풀게 해요.

슈거 파우더(분당)

슈거 파우더는 거친 설탕 입자를 곱고 미세하게 분쇄하여 만든 것으로 수분 함량이 낮아서 쿠키에 넣으면 바삭한 식감을 냅니다. 슈거 파우더와 분당은 같은 의미로 쓰여요. 100% 슈거 파우더는 수분을 흡수하는 성질 때문에 뭉침이 심해 덩어리질 수 있으니 사용하기 전 체에 내리거나 갈아서 사용하는 것이 좋습니다. 덩어리가 생기는 현상을 방지하기 위해 옥수수 전분을 3~5% 첨가한 제품이 있고, 100% 설탕으로 만들어진 제품이 있어요.

Tip 홈메이드 슈거 파우더를 만들려면 일반 백설탕과 옥수수 전분을 9:1 비율로 곱게 갈아 사용해요.

유기농 설탕은 유기농법으로 재배된 사탕수수에 화학적인 정제 과정을 거치지 않고 만들어진 설탕입니다. 처음 베이킹에 도전하는 분들은 반죽에 들어가는 설탕의 양을 보고 적잖이 놀라세요. 특히 제과류에서는 적지 않은 설탕이 들어가므로 되도록 유기농 설탕을 사용하면 좋습니다.

유기농 설탕은 입자가 굵으므로 믹서나 분쇄기에 곱게 갈아 사용하는 것을 추천합니다.

Tip 레시피에서 설탕의 양을 대폭 줄여서는 안 됩니다. 식감이 건조해지니 원하는 결과물을 얻지 못할 수 있어요. 꼭 줄여야 한다면 10% 정도만 줄이세요.

추천 제품

원산지: 필리핀 – 마스코바도(정제 설탕보다 당도가 낮아요. 마스코바도 설탕은 흑설탕이 들어가는 레시피에서 흑설탕 대용으로 사용하면 좋습니다.)

원산지: 콜롬비아 – 빠넬라

원산지: 브라질 – 고이아사

보관 방법

수분이 없는 설탕은 특별한 유통기한이 없습니다. 밀봉하여 서늘한 곳에 보관하세요.

꿀

꿀은 특유의 감칠맛과 향이 있어 베이킹에서는 향이 강하지 않은 아카시아 꿀을 사용하는 것이 좋습니다.

추천 제품

한살림 아카시아 꿀

메이플 시럽

단풍나무 수액을 중화시켜 농축한 시럽입니다. 단풍나무 진액으로 만드는 감미료이지요.

보관 방법

개봉 후 냉장 보관합니다.

소금

소금은 단순히 간을 맞추는 역할 외에도 중요한 재료입니다. 첫째, 반죽을 차지게 하고 둘째, 이스트의 활동으로 빵이 지나치게 부푸는 것을 막는 역할도 해요. 셋째, 부족한 맛은 끌어올리고 넷째, 색을 지속해서 보존하기도 합니다. 입자가 너무 굵은 소금을 반죽에 그냥 넣으면 제품을 완성했을 때 짠맛이 그대로 느껴질 수 있으므로 유기농 설탕처럼 믹서나 분쇄기에 갈아서 사용하세요. 국내산 가는 천일염을 사용해도 좋습니다.

추천 제품

플뢰르 드 셀: 프랑스 게랑드 지방의 청정 해역에서 생산되는 소금의 꽃이라 불리는 소금입니다.

3 유지류

버터

버터는 우유의 지방을 분리하여 만든 크림을 응고시킨 유제품입니다. 무염 버터와 가염 버터가 있으며 일반적으로 베이킹에서는 무염 버터를 사용합니다. 만약 무염 버터 대신 가염 버터를 사용할 경우 레시피에 나온 소금의 양을 줄여야 합니다.

우유로 만들어진 우유 버터는 맛과 풍미가 좋습니다. 가격이 저렴한 마가린이나 바삭함을 주는 쇼트닝, 식물성 유지를 첨가한 컴파운드 제품 등은 맛과 향이 떨어집니다. 첨가물이 너무 많고 인위적으로 만들어진 가공 버터류 대신 유크림 100%의 무염 버터를 사용하면 풍미가 더욱 좋답니다.

추천 제품

원산지: 프랑스 – 제품명: 이즈니 무염 버터

원산지: 뉴질랜드 – 제품명: 앵커 버터

원산지: 국산 – 제품명: 서울우유 버터

원산지: 프랑스 – 제품명: 엘르엔비르 고메 버터

보관 방법

냉장하여 3~4개월 정도 보관할 수 있습니다. 버터는 고온에 약하고 산화되기 쉬워요. 냄새를 잘 흡수하는 성질도 있지요. 소량씩 구입해서 신선하게 사용하는 것이 좋고 밀폐하여 낮은 온도에 보관하는 것이 좋습니다. 장기간(1년 이상) 보관해야 한다면 밀폐하여 냉동 보관하세요.

오일

베이킹에서는 향이 강하지 않은 제품이 좋으므로 카놀라유, 해바라기씨유 등을 사용해도 무난하며 그중 포도씨 오일이 좋습니다. 개인적으로 숲의 버터라 불리는 아보카도 오일을 즐겨 사용합니다. 오메가, 비타민 성분이 풍부하고 발연점이 높은 장점이 있어 베이킹을 비롯한 모든 요리에도 추천합니다. 오일 중에서는 포도씨 오일과 아보카도 오일을 추천해요.

4 달걀

달걀은 제품의 풍미와 맛에 영향을 주므로 신선한 달걀을 사용하는 것이 좋습니다. 달걀의 역할은 첫째, 케이크에 넣으면 볼륨감을 주고 부드러운 맛을 냅니다. 둘째, 빵 반죽에 넣으면 풍미와 풍부한 식감을 내고 셋째, 수분이 많아서 가루 재료가 뭉쳐 반죽되는 것을 돕습니다. 넷째, 굽는 동안 윤기와 색상을 냅니다.

추천 제품

반드시 냉장 보관하세요.

소금

버터

아보카도 오일

달걀

5 유제품

생크림

생크림은 우유에서 지방분만 분리한 것으로, 크게 동물성 생크림과 식물성 생크림으로 나뉩니다. 100% 유지방 크림인 동물성 생크림은 맛이 뛰어나지요. 단, 유통기한이 짧아 빨리 소비해야 하고, 유지방 함량이 높으므로 거품을 낼 때 쉽게 분리되어 작업성이 좋지 않습니다. 식물성 생크림은 콩 등에서 유지방을 추출하여 만든 가공 크림입니다. 동물성 생크림보다 가격이 저렴하고, 안정성이 높아 초보자도 쉽게 거품을 낼 수 있어 작업성이 월등히 좋습니다.

동물성 생크림과 식물성 생크림의 장점을 가진 제품은 무가당 휘핑크림(동물성)인데요, 온도에 강해 작업성이 좋고 유지방 함량이 85% 이상입니다. 기호에 맞게 유지방 함량과 첨가물 등의 성분을 확인하고 구입하는 것이 좋습니다. 개인적으로는 첨가물이 없는 유크림 100% 우유 생크림을 선호합니다.

추천 제품

- 동물성 생크림

  원산지: 국산 – 제품명: 서울우유 생크림

  원산지: 덴마크 – 제품명: 덴마크 생크림

  원산지: 국산 – 제품명: 파스퇴르 후레쉬엘 045

- 동물성 휘핑크림

  매일 휘핑크림(무가당)

보관 방법

냉장 보관하고 유통기한 내 사용하세요.

우유

제품의 영양가를 높이는 우유 역시 중요합니다. 첫째, 우유에 들어있는 젖당은 빵의 풍미를 좋게 하고 둘째, 단백질과 유당으로 인해 먹음직스러운 갈색을 냅니다. 셋째, 케이크에 넣으면 촉촉한 맛을 더합니다. 베이킹에서는 저지방 우유보다 일반 우유를 사용하면 맛이 좋습니다.

'전지분유'는 우유를 그대로 건조한 분말이고, '탈지분유'는 무지방 우유에서 수분을 제거하여 만든 분말이에요. 1년 이상 장기간 보존할 수 있어 우유 대신 사용하기 편리합니다. 일반적으로 마트에서 살 수 있는 달달한 '연유'는 우유를 진공 상태에서 농축시켜 설탕을 첨가한 것입니다.

보관 방법

우유와 연유는 냉장 보관하고 탈지분유와 전지분유는 개봉 후 냉장 보관하며, 모두 유통기한 내 사용하세요.

크림치즈

크림치즈는 우유와 생크림을 원료로 한 숙성시키지 않은 생 치즈입니다. 부드러운 맛, 신맛을 지니고 끝 맛은 고소한 특징이 있어요. 브랜드마다 조금씩 맛의 차이가 있으니 크림치즈 특유의 산미 등을 고려하여 기호에 맞는 제품을 사용합니다.

추천 제품

끼리 크림치즈, 타투라 크림치즈, 라스카스 크림치즈 (산미가 덜한 편)

필라델피아 크림치즈(새콤, 묵직)

6 팽창제

베이킹파우더/베이킹소다

생 베이킹파우더와 베이킹소다는 화학 팽창제입니다. 이산화탄소를 발생시켜 제품의 부피를 부풀게 하는 재료예요. 주의할 점은 첫째, 적정량 이상 사

우유와 생크림

BUTTER ME UP
크림치즈

베이킹소다
베이킹파우더
인스턴트 드라이 이스트

바닐라 빈
바닐라 익스트랙
바닐라 설탕

용하면 쓴맛. 혹은 진한 비누 맛이 납니다. 둘째, 쿠키나 케이크가 부풀다가 꺼질 수 있어 반드시 제시된 양을 지켜 넣어 주세요. 셋째, 베이킹파우더나 베이킹소다는 반드시 밀가루와 함께 계량하여 체에 내려서 사용합니다. 체에 내리지 않고 사용하면 한군데로 뭉쳐 쓴맛을 낼 수 있습니다.

베이킹파우더를 고를 때는 알루미늄 성분의 유해성을 고려하여 논 알루미늄 제품을 사용하세요. 알루미늄이 들어간 베이킹파우더는 약간의 쓴 맛도 있답니다.

보관 방법

개봉 전에는 실온에 두지만 개봉 후에는 공기 중의 산소와 수분이 흡수되지 않도록 냉장 보관합니다. 밀폐 용기에 담아 냉동 보관하면 오래 사용할 수 있습니다.

추천 제품

브레드가든 착한 베이킹파우더/착한 베이킹소다
Rumford(럼퍼드) 베이킹파우더
선인 베이킹파우더

인스턴트 드라이 이스트

이스트는 빵이 팽창할 수 있게 도와 볼륨감을 주는 재료입니다. 이스트의 종류는 생 이스트, 드라이 이스트, 인스턴트 드라이 이스트로 나뉩니다. 이 책에서는 인스턴트 드라이 이스트를 사용했어요. 드라이 이스트는 따뜻한 물에 풀어서 사용하는 번거로움이 있지만 인스턴트 드라이 이스트는 물에 풀어 사용할 필요 없이 바로 넣어 반죽할 수 있어서 간편합니다. 가장 좋은 것은 생 이스트이지만 유통기한이 길지 않다는 단점이 있어요.

7 술

럼/리큐르

럼(Rum)은 당밀이나 사탕수수 즙을 발효시켜서 증류한 술입니다. 제품의 비릿함을 없애고 풍미를 돋우죠. 럼은 크게 다크 럼과 화이트 럼, 골드 럼으로 구분합니다. 다크 럼은 굽는 케이크, 화이트 럼은 가열하지 않는 케이크(무스 등)에 사용하면 좋습니다.

리큐르는 달콤하게 만든 증류주예요. 향신료나 과일, 견과, 허브 등을 첨가해 만든 술이랍니다.

추천 제품

오렌지 리큐르: 쿠앵트로, 그랑마니아(그랑마니에르),
　　　　　　　　모나크 트리플 섹, 피오니 60
살구 리큐르: 디종 에프리코트
커피 리큐르: 칼루아
체리 리크류: 디종 키르쉬
사과 리큐르: 칼바도스

보관 방법

개봉 후에는 냉장 보관하세요.

8 향신료

바닐라 빈

바닐라 나무의 열매입니다. 녹색의 길쭉한 열매를 수확하여 발효와 건조 과정을 거친 것이 바닐라 향신료예요. 가늘고 긴 바닐라 빈을 세로로 길게 잘라 그 안에 있는 아주 작은 씨만 살살 긁어서 사용합니다. 은은하고 향긋한 향은 달걀과 유제품 특유의 비릿함, 날가루 냄새 등 잡냄새를 제거합니다. 한결 고급스러운 맛이 나게 도와주는 역할을 해요.

값이 비싼 천연 바닐라 빈 대신 제품에 따라 바닐라 빈 페이스트, 바닐라 익스트랙, 바닐라 에센스, 바닐라 오일 등을 사용하기도 합니다.

Tip 바닐라 빈을 껍질까지 똑똑하게 사용해 볼까요?

홈메이드 바닐라 설탕 만드는 방법

바닐라 빈의 씨를 긁어내고 남은 껍질을 설탕과 함께 넣어요.
바닐라 빈의 씨를 긁어내고 남은 껍질을 설탕과 함께 믹서나 분쇄기에 갈아요. 향이 은은한 바닐라 설탕이 됩니다.

9 초콜릿/초콜릿 칩

초콜릿

초콜릿에는 다크 초콜릿, 화이트 초콜릿, 밀크 초콜릿의 세 가지 종류가 있습니다. 다크 초콜릿은 쌉쌀하고 떫은맛이 강합니다. 초콜릿의 카카오 매스 함량이 높을수록 색이 진하고 쓴 맛이 나지요. 밀크 초콜릿은 다크 초콜릿보다 부드럽고 달콤해 대중적인 초콜릿입니다. 화이트 초콜릿은 카카오 매스 없이 카카오 버터, 우유, 설탕을 섞어 만들어서 단맛이 강합니다.
브라우니나 초콜릿 케이크는 초콜릿이 맛을 좌우하니 값이 비싸더라도 질 좋은 초콜릿을 넣으세요.

초콜릿 칩

큐브 형태의 청크 초콜릿 칩과 물방울 형태의 초콜릿 칩은 머핀이나 쿠키 등에 부담 없이 사용할 수 있습니다.

10 견과류/건과류

견과류

아몬드, 피칸, 호두 등의 견과류는 한 번 살짝 굽거나 볶은 뒤 사용하면 쓸쓸한 맛을 줄이고 고소함을 살릴 수 있습니다.

보관 방법

오래 두고 먹지 않는다면 냉장 보관합니다.

Tip 견과류는 산패되기 쉬워요. 밀폐 용기에 담아 냉동실에 보관하면 오래 사용할 수 있습니다.

건과류

새콤달콤함을 더하는 말린 과일은 주로 건포도, 건크랜베리, 건블루베리, 건살구, 반건조 무화과 등을 사용합니다. 말린 과일은 보통 럼주나 리큐르에 불려 사용하면 좋아요. 풍미도 좋아지고 부드러워집니다.

보관 방법

밀폐 용기에 담아 냉장 또는 냉동 보관하세요.

수제 디저트를 위한 베이킹 도구 이야기

Tool Story

디지털 저울

베이킹 성공의 첫걸음은 바로 정확한 계량입니다. 눈대중이나 감에 의지하면 제품을 성공적으로 만들 수 없습니다. 재료를 대충 계량하면 반죽이 묽거나 되게 되는 실패를 겪을 수도 있고요. 따라서 재료를 정확하게 계량하기 위한 저울은 필수 도구랍니다. 저울은 디지털 저울과 눈금 저울(바늘 저울)이 있습니다. 베이킹할 때는 재료와 반죽을 정밀하게 계량할 수 있는 디지털 저울이 편리합니다. 저울을 보관할 때 저울 위에 무거운 것을 올려두면 고장이 잦으니 주의하세요.

Tip 0.1g 단위로 측정할 수 있는 초정밀 저울(미량계)을 갖추면 계량이 편리합니다.

Tip **좋은 저울 고르는 팁**
계량 단위 1g, 계량 범위 3kg으로 g과 kg을 모두 잴 수 있는 저울이 가장 좋습니다. 단, 1g의 차이로도 맛과 모양이 달라질 수 있기 때문에 계량 단위가 1g인 제품을 고르는 것이 정확하고 편리합니다. 계량 범위는 2~3kg 정도인 제품을 고르면 좋습니다.

계량 스푼/계량 컵

액상으로 된 재료와 소량으로 넣는 재료의 양을 계량하는 데 유용합니다. 적은 양은 디지털 저울보다 쉽고 빠르게 계량할 수 있습니다.

가루 재료는 한 스푼 가득 담은 후 칼이나 자를 이용하여 윗면을 평평하게 깎아서 계량하고, 액체 재료는 넘치지 않을 정도로 담아서 계량하세요. 테이블스푼은 'Tbsp', 'TS', 티스푼은 'tsp', 'ts'로 표기합니다.

　1 큰 술(1TS=15ml)
　1 작은 술(1ts=5ml)
　1/2 작은 술(1/2ts=2.5ml)
　1/4 작은 술(1/4ts=1.25ml)

계량 컵은 눈금이 보이는 투명한 소재, 뜨거운 열에 강한 유리 소재가 좋습니다. 1컵은 200ml입니다.

고무 주걱/실리콘 주걱/나무 주걱

주걱은 재료를 섞거나 저을 때 이용합니다. 특히 고무 주걱은 밀착력이 좋아 믹싱 볼에 붙은 재료를 남김없이 알뜰하게 긁어 모읍니다. 가루 재료가 들어간 후 반죽을 가르듯이 섞을 때에도 편리합니다. 베이킹할 때 재료가 눌어붙지 않게 섞어야 하는 경우 내열성이 있는 재질을 선택하는 것이 좋습니다. 너무 힘이 없는 제품보다 탄력 있고 힘이 약간 있는 제품을 고르는 것이 사용하기 편리합니다.

실리콘 재질의 주걱은 높은 온도에서도 안심하고 사용할 수 있습니다. 작은 크기의 실리콘 주걱은 소스나 크림 등을 만들 때 유용하지요.

나무 주걱은 반죽에 들어가는 재료를 볶거나, 불 위에서 반죽이 필요할 때 냄비 바닥에 눌어붙지 않도

계량 스푼
디지털 저울
나무 주걱
실리콘 주걱
고무 주걱

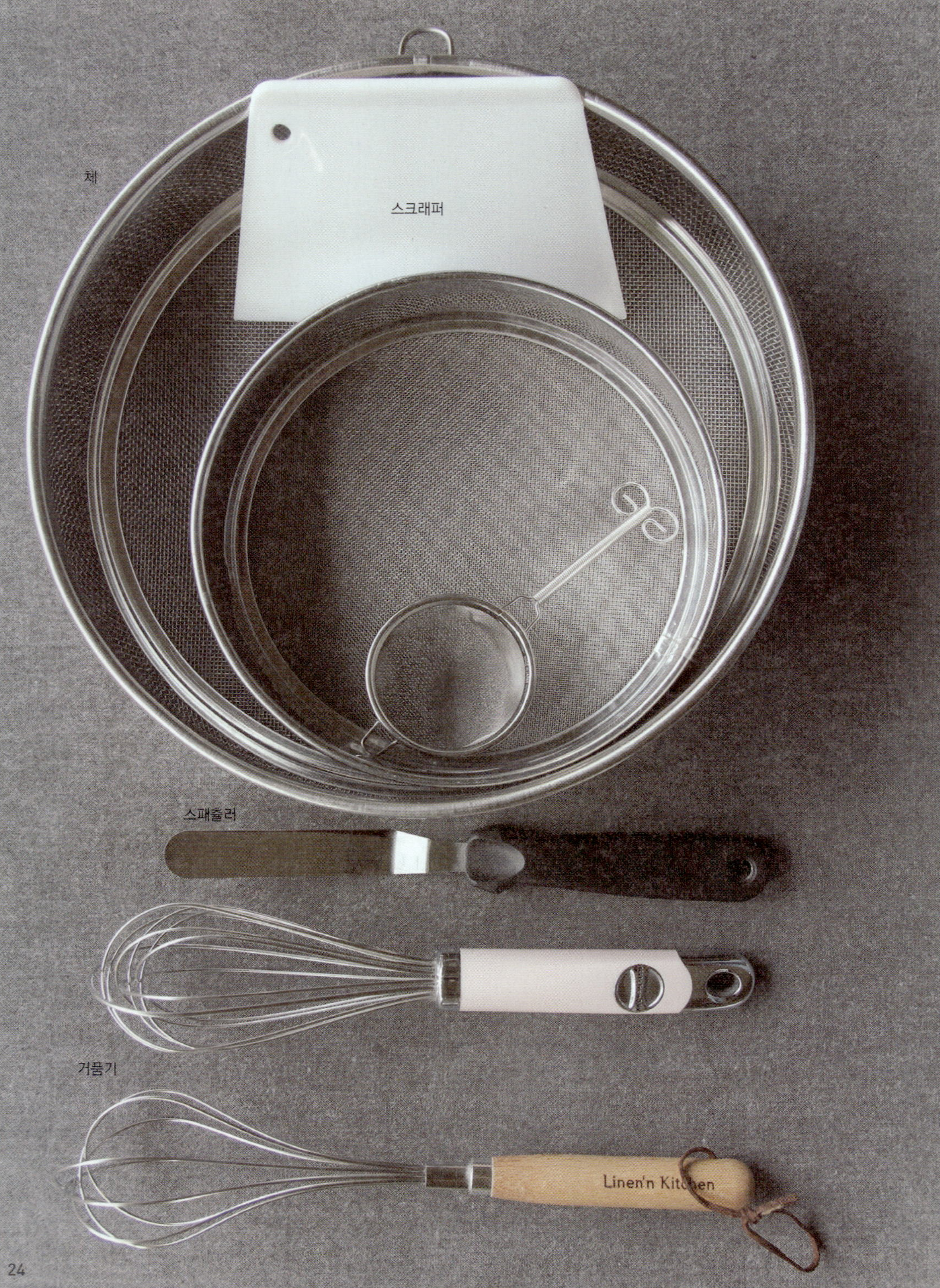
체
스크래퍼
스패츌러
거품기
Linen'n Kitchen

록 저을 때 사용하는 도구입니다. 밑이 일자인 주
걱은 베이킹에 사용하는 소스나 잼, 크림 등을 만
들 때 타지 않게 졸일 수 있어요.

Tip 제노와즈처럼 거품형 반죽에 가루를 섞는 과정에서 나무
주걱으로 섞으면 애써 만든 거품을 꺼지지 않게 섞는 데
도움이 됩니다.

체

계량한 가루 재료의 입자를 곱게 내리고 거를 때 쓰
이는 도구입니다. 용도와 쓰임새가 다양하니 망의
굵기별로 고운 체, 성긴 체, 작은 체를 대, 중, 소
크기별로 갖추면 편리합니다. 가루 재료를 체에 내
리려면 체를 20cm 정도로 약간 높게 들고 체의 가
장자리를 가볍게 치는 것이 좋습니다.
체의 용도는 다음과 같습니다. 첫째, 가루 사이에
섞인 덩어리를 풀고 이물질과 불순물을 걸러냅니
다. 체에 내려 뭉쳐있던 멍울이 풀어지고 불순물이
제거됩니다. 둘째, 밀가루 사이에 공기 포집이 잘
되도록 합니다. 저료 사이에 공기를 혼합해 가루를
가볍게 만들어 폭신한 제품을 만들며 오븐에 구울
때도 반죽이 잘 팽창합니다. 셋째, 밀가루와 각종
가루를 한데 잘 섞을 때 사용합니다.

Tip 특히 베이킹파우더나 베이킹소다와 같은 팽창제를 함께
넣을 때는 밀가루와 한 번에 계량해 꼭 체에 내리세요. 그
래야 반죽 한 군데에 쓴맛이 느껴지지 않고 모든 재료와
골고루 섞입니다.

넷째, 크기가 작고 고운 체는 슈거 파우더, 데코 파
우더, 코코아 가루 등을 뿌릴 때 요긴하게 쓰입니
다. 다섯째, 퓌레나 크림 등을 곱게 만들거나 달걀
물의 알끈을 제거할 때 등 액체 재료를 거를 때도
유용합니다.

스크래퍼(스크레이퍼)

스크래퍼는 쓰임새가 다양해 갖추는 것이 좋습니
다. 반죽을 여러 덩어리로 나누어 자르거나 반죽의
윗면을 평평하게 정리할 때, 반죽을 볼에서 깨끗하
게 긁어내거나 흩어진 반죽을 하나로 모을 때, 딱
딱하고 차가운 버터를 작게 자르거나 으깰 때 필요
합니다. 재질은 플라스틱 재질과 스테인리스 재질
이 있습니다. 플라스틱 스크래퍼는 반죽을 긁거나
모을 때 유용하고 스테인리스 재질은 반죽을 나누
거나 자를 때 편리합니다. 모양은 한쪽이 곡선으로
둥근 것과 일자로 각진 것이 있습니다. 둥근 면으
로 이루어진 스크래퍼는 믹싱 볼 안에서 재료를 섞
거나 버터를 자를 때 편리합니다. 일자 스크래퍼는
반죽의 윗면을 정리할 때 편리합니다.

스패츌러(스패튤라)

스패츌러는 다음과 같은 용도에 사용합니다. 크림
을 바르거나 펼칠 때, 케이크 윗면을 다듬거나 고르
게 정리할 때, 케이크를 옮길 때입니다. 종류는 일
자형 스패츌러와 L자형 스패츌러가 있습니다. 틀
의 높이만큼 채운 반죽의 표면을 고르게 할 때는 일
자형을 사용하고, 틀의 높이보다 낮게 채워진 반죽
의 표면을 정리할 때는 L자형을 사용합니다.
길이는 짧은 스패츌러와 긴 스패츌러가 있습니다.
케이크 표면에 크림을 바르거나 넓은 면을 정리할
때는 긴 스패츌러를 사용하는 것이 편리하고, 작
은 면을 다듬을 때는 짧은 스패츌러를 사용합니다.

거품기

손으로 반죽할 때 거품기는 여러모로 유용한 도구
입니다. 재료를 고루 섞거나 달걀의 멍울을 없앨
때, 버터나 크림치즈 등의 덩어리를 풀고 크림화할

때, 달걀·생크림 등의 거품을 충분히 올릴 때 사용합니다. 즉, 핸드 믹서보다 번거롭고 시간은 오래 걸리지만, 제품에 따라 반죽이 과하게 휘핑되지 않는 장점이 있습니다. 핸드 믹서를 사용한 것과 거품기를 사용한 제품은 아무래도 반죽 상태에 약간 차이가 있을 수 있지요.

 좋은 거품기를 고르는 팁

거품기는 아주 작은 크기, 중간 크기, 큰 크기로 하나씩 갖추면 상황에 맞게 사용하기 좋습니다. 거품기의 와이어가 너무 얇으면 힘이 없어요. 와이어가 유연하고, 큼직하고, 가볍고, 굵고, 튼튼하고, 단단하고, 손에 잡기 쉬운 제품으로 고르면 사용하기 편리합니다. 용도에 따라 반죽을 섞을 때는 와이어 크기가 작고 성긴 것이 좋고, 거품을 낼 때는 크고 촘촘한 것이 좋습니다. 거품기 와이어는 스테인리스 재질이 좋습니다.

 거품기 세척 방법

거품기를 세척한 다음 거품기 와이어를 아래로 향하게 물기를 빼 보관하면 곰팡이가 생기지 않습니다.

핸드 믹서(믹싱기 또는 휘핑기)

거품기처럼 재료를 섞거나 부드럽게 풀 때, 생크림·머랭 등의 거품을 올릴 때 사용합니다. 핸드 믹서를 사용하면 거품기보다 섞는 속도가 짧아지고, 휘핑하는 속도가 빨라 힘이 덜 들고 많은 양도 빠르게 작업할 수 있어 베이킹이 수월해집니다. 하지만 반죽에 따라 높은 단에서 지나치게 믹싱하여 식감을 해치는 경우도 있으니 주의해야 합니다.

추천 제품

럭셀 핸드 믹서

켄우드 핸드 믹서

푸드 프로세서/분쇄기

재료를 간편하게 섞거나 곱게 갈아 유용합니다. 버터가 녹지 않도록 빠르게 작업해야 할 때도 유용하지요. 쿠키 반죽, 타르트 반죽, 파이 반죽 등을 손

쉽게 만들 수 있습니다.

식힘 망

일반적으로 오븐에서 제품을 꺼내 틀이나 팬에서 그대로 식히지 않고 분리하여 완전히 식힌 후 용기나 비닐에 넣는 것이 좋습니다. 이때 쿠키나 케이크 등 구워져 나온 제품을 올려놓고 식히는 도구입니다. 식힘 망에서 식히는 이유는 다음과 같습니다. 사면으로 통풍이 되어 열기를 고르고 빠르게 식힐 수 있고, 제품 바닥에 습기와 수분이 생겨 눅눅해지는 것을 막을 수 있으며, 테이블에 열이 직접 닿는 것을 방지할 수 있습니다.

테플론 시트(반영구)/종이 포일(일회용)

오븐 팬 위에 깔고 쿠키나 케이크 등을 구울 수 있는 도구로 틀에 맞게 잘라 사용할 수 있어요. 특히 테플론 시트를 사용하면 팬이나 틀에서 제품이 잘 떨어지지요. 열에 강하므로 관리만 잘하면 여러 번 재사용할 수 있는 게 장점입니다.

종이 포일은 테플론 시트처럼 사용하지만 일회용입니다. 팬이나 틀에 깔고 구워도 타지 않아 안심하고 사용할 수 있습니다.

 마카롱, 상투 과자, 다쿠아즈 등은 일회용 유산지보다 테플론 시트에 구우면 제품이 잘 분리돼요.

온도계

온도계는 크게 디지털 온도계와 적외선 온도계로 나뉩니다. 디지털 온도계는 반죽에 직접 꽂아 측정하며, 적외선 온도계는 반죽에 직접 대지 않고 온도를 측정합니다. 온도가 빠르게 올라가지 않아 조금 답답하지만 일반적으로 방수가 가능하고 200~250℃까지 측정할 수 있는 디지털 온도계를 준비하면 좋습니다. 온도계는 반죽과 크림 온도를

핸드 믹서
푸드 프로세서
식힘 망
종이 포일
테플론 시트
온도계

잴 때, 시럽의 높은 온도를 측정할 때, 달걀이나 초콜릿 등을 중탕할 때, 초콜릿을 템퍼링할 때, 이탈리안 머랭 또는 무스를 만들거나 초콜릿 작업을 할 때, 발효 온도를 유지할 때 유용합니다.

Tip 특히 발효 빵과 같은 반죽의 온도를 잴 때는 온도계를 반죽 중심에 깊숙이 찔러 넣어 재기 때문에 내부 온도를 측정할 수 있는 길고 얇은 디지털 온도계를 권합니다.

짤주머니(짜주머니)

천으로 만들어 반영구적으로 사용하는 재질의 짤주머니와 비닐로 만든 일회용 짤주머니가 있습니다. 일회용 짤주머니는 여러모로 편리하게 사용할 수 있고 위생적인 장점이 있어요. 열에 민감하거나 되고 무거운 반죽을 짤 때는 힘이 좋은 천 짤주머니를 사용하는 것이 적절합니다.

모양 깍지

크림을 모양내어 짜거나, 반죽을 채워 원하는 모양으로 짤 때 필요합니다. 특히 지름 1cm 크기의 원형 깍지와 별 깍지는 쓰임새가 많아 기본으로 갖추는 것이 좋습니다. 사용 후 바로 씻어 물기를 말려야 녹이 스는 것을 방지할 수 있습니다.

밀대

밀대는 쿠키, 타르트 파이 등의 다양한 반죽을 넓게 늘일 때, 반죽을 평평하고 고르게 밀어 펼 때 꼭 필요한 도구입니다.

나무 밀대와 플라스틱 밀대 두 종류가 있어요. 어느 것이어도 상관없으나 나무 밀대를 더 많이 사용하는 편입니다. 나무 밀대는 사용 후 바로 씻고 반드시 물기를 바짝 말려 보관해야 오래 쓸 수 있어요.

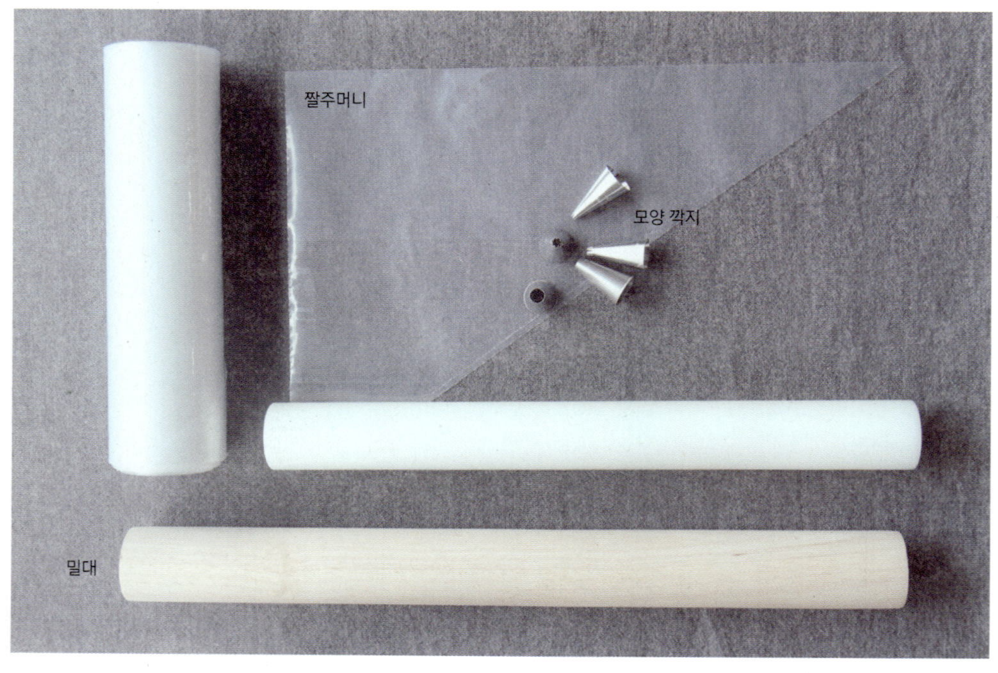

오븐

오븐은 크게 전기 오븐과 가스 오븐으로 구분할 수 있습니다. 가스 오븐에 비해 전기 오븐은 열이 골고루 공급되는 장점이 있어 더 많이 사용합니다. 요즘에는 전자레인지 겸용 광파 오븐이나 크기가 작은 미니 오븐도 보편화되어 있습니다.

오븐의 크기와 열 공급 방식에 따라 열의 세기가 달라 굽는 시간에도 조금씩 차이가 있습니다. 따라서 베이킹 책 레시피에 제시된 온도와 시간은 절대적인 수치가 아님을 기억해야 합니다. 레시피에 제시된 시간을 기준으로 여러 번의 테스트를 통해 굽는 시간을 적절히 조절하여 자신의 오븐에 맞는 온도와 시간을 찾는 것이 중요합니다. 더욱이 같은 브랜드 오븐에 같은 제품을 넣어 굽더라도 사용감이나 연식에 따라 온도와 시간이 각각 다를 수 있기 때문입니다. 가장 적절한 온도, 정확한 타이밍은 여러 번의 테스트를 통해서만 가능합니다. 이 책에서 제시한 오븐의 온도와 굽는 시간은 스메그 오븐 기준입니다. 스메그 오븐은 컨벡션 오븐으로 내부에 팬이 부착되어 있어 전체적으로 열이 고르게 분산되는 장점이 있습니다.

오븐은 미리 예열해서 사용합니다. 오븐 문을 열고 반죽을 넣을 때 순간적으로 떨어지는 온도에 의해 반죽이 꺼질 수도 있고 버터가 녹아내려 맛과 모양이 변하는 것을 방지하기 위해서예요.

저렴한 제품도 괜찮지만 베이킹을 오래 할 계획이라면 오븐을 쓰다가 바꾸는 경우가 많습니다. 오븐은 내부 공간이 넓어야 여러 번 굽는 번거로움이 없고 오븐 문의 두께가 두꺼워 단열이 잘 되는 제품이 좋습니다. 모든 도구를 통틀어 오븐만큼은 좋은 제품을 장만하는 것을 추천합니다. 하지만 아무리 값비싸고 성능이 좋다 해도 내 오븐에 익숙해지는 것이 가장 중요해요. 가정용 미니 오븐이라도 여러 번 다루면서 적절한 온도와 시간을 맞추며 내 것으로 만드는 연습을 한다면 충분히 맛있는 제품을 만들 수 있습니다. 〈추천 제품〉이 부담스러울 경우 용량이 40리터 이상인 가정용 오븐으로 시작하는 것도 좋습니다.

추천 제품

스메그 오븐

지에라 오븐

우녹스 오븐

가빈 오븐

믹싱 볼

재료를 섞거나 반죽할 때 꼭 필요한 유용한 믹싱 볼은 크기와 모양, 깊이가 다양해서 몇 가지 갖추면 편리합니다. 유리, 플라스틱, 스테인리스 등 재질도 다양합니다. 그 중 열전달이 쉽고 가벼워 사용하기 좋은 스테인리스 스틸 소재는 대, 중, 소 크기별로 갖추면 편리합니다. 전자레인지 사용이 가능한 내열 유리볼도 자주 사용하는 편이라 함께 갖추면 좋습니다. 또 핸드 믹서로 달걀흰자 거품을 내거나

생크림 거품을 낼 때 반죽이 튀므로 바닥이 둥글고
튼튼한 깊은 볼은 필수로 갖추세요.

여러 가지 틀

틀은 종류가 참 많아요. 15~20cm 정도의 원형 틀
과 사각 틀은 자주 쓰이므로 구비해 두면 좋습니다.

식빵 틀
피낭시에 틀
구겔호프 틀
원형 틀

파운드 틀
머핀 틀
타르트 틀
마들렌 틀
사바랭 틀
쉬폰 틀
쿠키 틀
무스 틀

Tip 틀 세척 및 관리 방법
틀에서 제품을 분리한 후 바로 미지근한 물로 세척해 잔
열이 남은 오븐에서 물기를 말리세요. 코팅된 팬은 부드러
운 스펀지로 닦아요.

Part 1
주문이 밀려오는 작은 디저트 가게
'인기' 레시피

화려하거나 어렵지 않아요.

초보자라도 차근차근 도전할 수 있도록

유행에 휘둘리지 않고 기본에 충실한 레시피를 소개합니다.

'루루아틀리에'에서 주문이 밀려오고 인기가 많았던 레시피랍니다.

달콤한 디저트의 세계에 빠져보세요.

디저트 가게 쿠키처럼 예쁘고 맛있게 굽는 비결 10가지

쿠키를 반죽할 때

비결 1 부드러운 상태의 버터 사용하기

일반적인 쿠키 반죽은 버터가 부드러운 상태여야 해요. 버터는 보통 실온에 1시간 정도 두고, 기온이 높은 한여름에는 실온에 30분 정도 두어도 괜찮아요. 이것은 대략적인 시간이며 버터를 손으로 눌렀을 때 쉽게 들어가는 정도가 좋습니다. 단, 버터는 너무 힘없이 녹거나 흐물흐물 녹은 상태가 아니라 덩어리짐 없이 잘 풀리는 말랑한 상태가 좋아요.

버터가 너무 녹으면 딱딱한 쿠키가 만들어지기 쉽고, 너무 차가우면 크림화가 잘 안 됩니다. '포마드 상태'라고 하는 부드러운 버터 상태를 확인하세요.

지금 바로 쿠키를 구워야 하는데 버터가 차갑다면?

버터를 잘게 다져 표면적을 늘려요. 전자레인지에 5초 정도 짧게 돌리면서 섞어요. 20~30초 정도(버터 양에 따라 조절)면 매우 부드럽게 녹습니다. 단, 액체 상태로 녹으면 크림화가 안 되니 주의하세요.

또 한 가지 주의할 점은 부드럽지 않은, 차가운 상태의 버터를 거품기나 핸드 믹서로 억지로 풀면 거품기나 핸드 믹서 날에 단단한 버터가 끼어 섞기 힘들어지므로 나무 주걱이나 고무 주걱으로 짓이겨가며 섞어요.

비결 2 실온 상태의 달걀 사용하기

파이나 타르트에는 차가운 상태의 달걀이 더 좋아요. 버터가 최대한 녹지 않는 게 좋으니까요. 하지만 보통의 쿠키 반죽은 부드러운 버터 상태여야 크림화할 수 있어요. 버터는 유지방인데, 달걀은 수분이므로 둘은 앙숙이거든요. 버터도 차가운데 달걀도 차갑다면 둘이 만나서 몽글몽글 순두부처럼 분리되어요. 달걀도 찬기가 없어야 버터랑 사이좋게 잘 섞인답니다. 달걀을 미리 1시간 정도 실온에 꺼내 놓으세요.

지금 바로 쿠키를 구워야 하는데 달걀이 차갑다면?

달걀을 껍질째로 따뜻한 물에 담가 두었다 차가운 기운이 빠지면 사용하세요. 이때 뜨거운 물이 아닌 따뜻한 물이라는 것을 기억해야 합니다. 달걀은 대부분 단백질로 구성되어 있어 열에 약해요. 내부의 단백질이 열에 의해 응고됩니다. 즉, 뜨거운 물에는 달걀이 익으니 주의하세요.

비결 3 밀가루는 반드시 체에 내리기

① 체를 잘 내리는 방법

밀가루는 유산지나 종이 포일처럼 넓은 종이를 펼쳐 두고 치는 것이 가장 좋아요. 바닥에서 20cm 정도의 높이에서 가볍게 칩니다. 체에서 잘 내려가지 않는 알갱이들은 무리하게 내리지 말고 버려요.

② 체에 내리는 세 가지 이유

· 첫째, 가루류는 한 번이 아닌 두세 번 정도 체에 내리는 것이 좋아요. 그러면 가루 사이사이에 공기가 충분히 들어갑니다. 공기가 포집된다고 하지요. 쿠키가 잘 부푸는 데에도 도움을 줍니다.

· 둘째, 뭉친 가루 덩어리를 곱게 풀기 위해서예요. 체에 내리지 않으면 가루에 흡수된 습기로 인해 가루가 잘 풀어지지 않고, 그대로 쿠키를 구우면 알갱이가 뭉칠 수 있어요.

· 셋째, 가루에 들어있는 불순물을 걸러내기 위해서입니다.

비결 4 고무 주걱으로 가르듯 섞기

① 고무 주걱으로 섞는 두 가지 이유

거품기로 섞으면 글루텐이 생기기 쉬워 딱딱해집니다. 고무 주걱은 부드러워서 원하는 대로 볼에 잘 밀착되어 반죽을 싹싹 긁어내요.

② 마구 섞지 않고 가르듯 섞는 이유

밀가루의 글루텐 형성을 최소화하기 위해서입니다. 버터, 설탕, 밀가루가 들어간 쿠키 반죽은 비교적 무거운 상태예요. 마음대로 휘저으면 글루텐이 섞여 쿠키의 바삭한 식감이 떨어지고 딱딱해집니다. 날가루가 보이지 않을 때까지만 매끈하게 섞어요.

③ 고무 주걱으로 섞는 방법

먼저 왼손으로 볼을 잡아요. 오른손으로 고무 주걱을 세워 반죽을 위에서 아래로 그으며 섞어요. 볼을 시계 반대 방향으로 돌리며 고무 주걱을 밀착시켜서 위아래로 반복하며 둥글리듯 가볍게 섞어요. 연속적으로 몇 번 긋고, 다시 둥글리고, 몇 번 긋고, 다시 둥글려요. 날가루가 보이지 않을 때까지 반복합니다.

비결 5 반드시 오븐 예열하기

① 왜 예열해야 할까?

오븐 문을 열고 반죽을 넣을 때 열기가 빠지기 때문에 애초에 오븐을 뜨겁게 예열합니다. 반죽이 잘 부풀어야 원하는 식감과 형태의 쿠키가 만들어지는데 반죽을 넣을 때 가라앉거나 녹아내리면 애써 만든 반죽을 망칠 수 있어요. 예열 기능이 따로 있는 오븐도 있지만, 따로 없는 오븐의 경우에도 반드시 예열하세요.

② 몇 도의 온도에서 예열해야 할까?

오븐이 뜨겁지 않은 상태에서 쿠키를 넣으면 반죽이 열을 받아 부풀어 올라야 하는데 힘을 받지 못해요. 제품 사양에 따라 조금씩 다르나 제시된 레시피의 굽는 온도보다 오븐의 온도를 보통 10℃ 정도 올려서 예열합니다.

③ 몇 분 정도 예열해야 할까?

굽고자 하는 시간의 10~15분 전에 예열합니다. 예를 들어, 20분 동안 굽는 레시피면 30~35분 전에 오븐을 켜고 예열해요.

쿠키를 구울 때

비결 6 타기 쉬운 쿠키를 최적의 상태로 굽기

높은 온도에서 계속 구우면 타기 쉬우니 온도를 조금 줄이면서 굽는 것이 예쁜 색을 내는 팁이에요. 색이 진해지면 제시된 레시피 온도에서 10~20℃ 정도 낮추며 굽는 시간을 늘립니다. 낮은 온도에서 너무 오래 구우면 쿠키의 수분이 너무 많이 빠져 상태가 좋지 않으므로 너무 오래 혹은 너무 적게 굽지 않고 최적의 타이밍에 꺼내야 합니다.

오븐에 따라 열의 공급 방식과 화력(열의 세기)이 다릅니다. 모든 베이킹 책 레시피의 굽는 시간은 정확하게 그때 꺼내야 하는 것이 아닌 '기준'으로 삼는 것입니다. 굽는 시간을 앞뒤로 조절하면서 쿠키 상태를 보고 굽습니다.

비결 7 쿠키가 익는 적당한 타이밍

레시피에 제시된 시간이 5분 정도 남았을 때부터 오븐을 가끔 열어 쿠키 윗면을 뒤집어 보세요. 윗면은 다 익어 보여도 뒤집었을 때 가운데가 안 익은 게 보이면 시간을 늘려 더 구워요. 단, 윗면이 타지 않도록 주의합니다.

* 잘 구워진 쿠키는 오븐에서 꺼내 식힘 망에서 식혀요.

비결 8 예쁜 쿠키 색감을 유지하는 두 가지 팁

① 쿠키 윗면

쿠키를 오븐에 넣고 레시피에 제시된 시간에서 1/2~1/3 정도 시간이 지났을 때 쿠킹 포일이나 테플론 시트를 덮고 색감을 지켜보며 구워요. 쿠킹 포일을 덮어 열을 차단하면 색이 더 많이 진해지지 않아요.

② 쿠키 아랫면

팬을 한 장 덧대어 구워요.

비결 9 쿠키가 너무 딱딱한 세 가지 이유

① 버터가 너무 녹으면 딱딱해요

반죽하는 과정에서 버터가 너무 많이 녹아도 딱딱해질 수 있으므로 버터가 적당히 부드러워지도록 상태를 확인합니다.

② 너무 오래 구우면 딱딱해요

쿠키를 너무 오래 구우면 수분이 날아가므로 굽는 시간을 조절합니다.

③ 가루를 섞을 때 마음대로 섞으면 딱딱해요

가루를 섞을 때는 '가볍게', '자르듯이' 섞는 것을 기억하세요.

비결 10 전체적으로 고르게 굽는 두 가지 팁

① 얼룩 덜룩이 아닌 전체적으로 고르게 굽기

쿠키 색이 진해지면 팬을 꺼내 반대 방향으로 바꿔 굽습니다.

② 팬에 올릴 때 일정한 간격 두기

팬에 반죽을 올릴 때 간격을 조금 띄워야 하는 이유는 쿠키가 서로 붙어버리는 원인이 되기도 하지만, 열을 일정하게 받도록 하기 위해서입니다.

단호박 곶감 쿠키

Sweet Pumpkin Dried Persimmon Cookie

바삭 말랑 쫀득함을 모두 갖춘 쿠키

곶감을 먹다가 문득 쿠키 안에 넣으면
식감이 재밌을 것 같아 만들었어요.
단호박의 색감과 향은 살리고
쫀득쫀득한 곶감으로 씹는 맛을 더했답니다.
건강 쿠키로 인기가 좋습니다.

지름 3.5cm · 두께 0.7~1cm · 약 30개 · 170℃ 13~15분

유기농 박력분 135g	버터 87g
아몬드 파우더 20g	유기농 설탕 50g
단호박 파우더 18g	달걀노른자 1개
다진 곶감 45g	

01 곶감은 씨와 꼭지를 제거하고 먹기 좋게 다져요.

02 실온에 둔 말랑한 버터를 핸드 믹서로 부드럽게 풀고 유기농 설탕을 두세 번에 나눠 넣으며 뽀얗게 될 때까지 섞어요.

03 ②에 멍울을 푼 달걀을 조금씩 넣으며 반죽을 고루 섞어요.

04 ③에 박력분, 아몬드 파우더, 단호박 가루를 함께 체에 내려 주걱으로 자르듯 날가루가 보이지 않도록 섞어요. 곶감을 넣고 전체적으로 가볍게 섞은 다음 손으로 반죽이 한 덩어리가 되도록 뭉쳐요.

05 ④의 반죽을 손으로 길고 일정하게 밀어 지름 3cm의 원기둥 모양으로 만들고 유산지로 감싸요.

06 긴 자를 이용해 유산지를 감싸면서 반죽을 단단하고 길쭉하게 만들어요. 모양을 잡은 반죽은 냉동고에서 50분~1시간 정도 굳혀요.

07 냉동고에서 꺼낸 반죽은 썰기 좋게 잠시 실온에 두어요.

TIP · 냉동고에서 꺼낸 단단한 반죽을 무리해서 자르면 반죽이 깨질 수 있으므로 살짝 녹여요.

08 반죽을 설탕 위에 돌돌 굴려 고루 묻혀요.

TIP · 반죽을 백설탕에 굴리면 입안에서 까끌까끌함 없이 깔끔하고, 유기농 설탕에 굴리면 씹는 맛이 있어요. 크리스털 설탕을 사용해도 좋아요.

09 칼을 이용해 반죽을 1cm 두께로 한 번에 잘라 테플론 시트를 깐 오븐 팬에 일정한 간격으로 올려요. 170℃로 예열한 오븐에서 12~15분 정도 구운 후 식힘 망에서 완전히 식혀요.

TIP · 반죽을 칼로 자를 때는 0.7~1cm 정도로 균일하게 한 번에 잘라야 예뻐요.

실패하지 않는 *Baking Tip*

곶감은 실온에서 금세 부드러워지지만, 실온에 두어도 뻣뻣한 곶감은 설탕 한 큰 술을 뿌려요.
설탕은 곶감을 부드럽게 만드는 역할을 한답니다.

×

곶감을 오래 구우면 당 성분으로 인해 질겨지고 탄맛이 나요.
그러므로 곶감이 쿠키 반죽의 색감을 헤치지 않을 정도로 적당히 넣은 후 구워요.

×

유기농 설탕은 믹서에 곱게 갈아 사용하면
설탕을 녹이기 위해 오버 휘핑하는 것을 막을 수 있고
백설탕을 넣을 때처럼 부드럽고 바삭한 쿠키를 만들 수 있습니다.

×

설탕을 고루 묻히는 요령!
반죽에 달걀흰자를 얇게 바르거나
깨끗한 면포에 물을 묻히고 반죽을 살짝 닦은 다음
설탕에 굴리면 골고루 묻힐 수 있어요.

에스프레소 사블레

커피 한 잔과 함께하는 에스프레소 사블레

어른을 위한 쿠키!
견과류와 에스프레소를 넣어 구운 커피 쿠키예요.
파삭파삭 바스러지면서 향긋한 커피 향이 입안 가득 퍼진답니다.
커피를 즐기는 분들에게 인기가 좋지요.

지름 3.5cm · 두께 0.7~1cm · 약 35개 · 170˚C 13~15분

유기농 박력분 125g	슈거 파우더 55g	버터 90g
아몬드 파우더 18g	다크 초콜릿 칩 50g	달걀노른자 1개
에스프레소 10g	호두 30g	
+인스턴트 커피 가루 5g	소금 약간	

How to make

01 실온에 둔 말랑한 버터에 슈거 파우더를 넣고 핸드 믹서로 섞어요.

02 달걀노른자를 넣고 섞어요.

03 에스프레소에 커피 가루를 넣어 녹인 것을 ②에 두 번 나눠 넣으며 매끄럽게 섞어요.

TIP · 에스프레소가 없다면 뜨거운 물에 커피 가루를 녹여 넣어요.

04 ③에 체에 두 번 내린 박력분, 아몬드 파우더를 넣고 주걱으로 가르듯 섞어요.

05 날가루가 보이지 않을 정도로 섞이면 다크 초콜릿 칩과 호두를 넣고 가볍게 섞어요.

06 반죽이 한 덩어리가 되도록 손으로 치대요.

TIP · 손으로 반죽을 서너 번 정도 문질러 치대요. 이렇게 반죽을 치대면 반죽에 공기가 들어가서 사블레가 더욱 바삭해져요. 단, 반죽을 너무 치대면 바삭한 식감이 덜하므로 주의해요.

07 ⑥의 반죽을 손으로 밀어 길고 일정하게 지름 3cm의 원기둥 모양으로 만든 후 유산지에 감싸요. 반죽은 냉동고에서 1시간 정도 단단하게 굳혀요.

08 냉동고에서 꺼낸 반죽을 설탕에 돌돌 굴려 고루 묻혀요.

09 칼을 이용해 반죽을 0.7~1cm 두께로 자르고 테플론 시트를 깐 오븐 팬에 일정한 간격으로 올려요. 170℃로 예열한 오븐에서 13~15분 정도 구워요.

TIP · 냉동고에서 바로 꺼낸 반죽은 단단하니 억지로 자르지 말고 실온에 잠시 두었다가 한 번에 잘라요.

실패하지 않는 *Baking Tip*

견과류를 더욱 고소하게 만드는 팁!

쿠키에 들어가는 견과류는 팔팔 끓는 물에 넣어 불순물을 제거한 후 체에 거르고,
170~180℃ 오븐에서 7~10분 정도 노릇하게 구워 식힌 다음 사용해요.
견과류의 기름 냄새를 없앨 수 있고 더욱 고소하답니다.

×

냉동고에서 꺼낸 쿠키 반죽을 실온에 너무 오래 두면
쿠키 반죽이 녹아 사블레의 바삭함이 덜하고 동그란 모양도 망가져요.
반죽이 칼로 살짝 힘주어 자를 정도라면 바로 잘라 구워요.

×

냉동 쿠키를 예쁘게 자르는 팁!

톱질하듯 자르지 마세요. 한 번에 잘라야 깔끔하고 예쁘게 잘라집니다.

호두 가루 초콜릿 칩 쿠키

Walnut Powder Chocolate Chip Cookie

바삭하고 고소한 초콜릿 칩 쿠키

재료를 아끼지 않고 듬뿍 넣어
홈메이드 느낌이 물씬 나는 투박한 초콜릿 칩 쿠키랍니다.
바삭한 초콜릿 칩 쿠키는 언제나 베스트!
갓 구워 식지 않은 쿠키를 한 입 와삭 베어 물면 행복하지요.

지름 9cm · 12개 분량

유기농 박력분 140g	호두 가루 35g	버터 75g
베이킹파우더 2g	헤이즐넛 가루 15g	달걀 1개
시나몬 파우더 약간	청크 초콜릿 칩 45g	바닐라 익스트랙 약간
	슈거 파우더 85g	
	소금 약간	

How to make

01 실온에 둔 말랑한 버터를 부드럽게 풀고 슈거 파우더를 넣은 다음 잘 섞어요.

02 ①에 풀어둔 달걀을 조금씩 나눠 넣고 잘 섞은 다음 바닐라 익스트랙을 넣고 섞어요.

03 .②에 박력분, 베이킹파우더, 시나몬 파우더를 체에 내려 넣고 고무 주걱을 세워 가르듯 섞어요.

04 ③에 호두 가루, 헤이즐넛 가루를 넣고 가볍게 섞어요.

TIP · 호두 가루, 헤이즐넛 가루는 푸드 프로세서나 분쇄기를 이용해 입자가 느껴지도록 굵게 갈아 넣어요.

05 ④에 초콜릿 칩을 넣고 가볍게 섞은 다음 반죽을 한 덩어리로 뭉쳐요. 반죽을 비닐에 담아 냉장고에 넣어 30분 정도 휴지시켜요.

06 테플론 시트를 깐 오븐 팬에 반죽을 약 30g씩 나눠 올리고 윗면을 살짝 눌러 납작하게 만들어요. 170℃로 예열한 오븐에서 15분 정도 구워요.

헤이즐넛 가루 대신 모두 호두 가루를 넣어도 괜찮아요.

×

컨트리풍으로 굽는 쿠키예요. 견과류 가루는 거칠게 갈아야 투박한 맛이 그대로 납니다.

×

반죽을 냉장고에 넣어두었다가 굽는 이유!

반죽이 마르지 않도록 랩을 씌우거나 비닐에 담아서 냉장고에 넣어두는 것을 '휴지'라고 합니다.

반죽을 휴지시키는 이유는 두 가지가 있는데요,

첫째, 버터와 설탕 등의 재료끼리 잘 어우러지도록 결합시키고 숙성시키는 역할을 해요.

둘째, 질었던 반죽이 냉장고에 들어가면 단단해지므로 손에 덜 달라붙고 모양을 내기 쉬워져요.

시간이 없을 땐 30분이라도 숙성시켰다 구워보세요.

호밀 쿠키

Rye Cookie

고소함이 남다른 호밀 쿠키

호밀 가루를 양껏 넣어 고소한 쿠키를 만들어요.
입안에서 가볍게 부서지는 매력적인 쿠키랍니다.
윗면에 장식한 건블루베리와 화이트 초콜릿,
하겔 슈거가 씹히는 재미까지 있어요.

지름 5cm · 25개 분량

유기농 박력분 95g   버터 95g
호밀 가루 110g   흑설탕 55g
땅콩 가루 35g   유기농 설탕 40g
넛맥 약간   달걀 1개

01 실온에 둔 버터를 부드럽게 풀고 흑설탕, 유기농 설탕을 넣어 섞어요.

TIP · 유기농 설탕은 믹서나 분쇄기에 갈아서 사용하세요.

02 ①에 풀어둔 달걀을 조금씩 나눠 넣으며 고루 섞어요.

TIP · 풀어둔 달걀을 반죽에 3~4번 나눠 넣거나 노른자를 먼저 넣은 다음 흰자를 넣어요.

03 ②에 박력분, 호밀 가루, 땅콩 가루, 넛맥을 두 번 정도 함께 체에 내려 넣고 주걱으로 날가루가 보이지 않을 정도로 섞어요.

04 ③의 반죽을 한 덩어리로 가볍게 뭉쳐서 비닐에 담아 냉장고에 1시간 넣어요.

냉장고에서 꺼낸 조금 단단해진 반죽을 다시 손으로 치대면서 뭉치고 손으로 눌러 납작하게 펴 밀대를 이용해 5mm 두께로 밀어요.

05 반죽을 원하는 모양의 틀로 찍은 다음 테플론 시트를 깐 오븐 팬에 간격을 두고 올려요.

06 반죽 윗면에 다진 건블루베리, 피스타치오, 화이트 초콜릿 칩, 하겔 슈거를 올려요. 170℃로 예열한 오븐에서 10분 정도 구워요.

TIP · 하겔 슈거, 건블루베리 등이 없으면 초콜릿 칩 등 원하는 재료로 장식해서 구워요.

강력분을 덧밀가루로 사용하는 이유!

강력분은 밀가루 입자가 박력분보다 커서 박력분보다 뭉침이 덜해요.

쿠키 커터에 반죽이 많이 달라붙을 때도 덧밀가루를 묻히며 만드세요.

많이 사용하면 밀가루 냄새가 나고 쿠키가 단단해질 수 있으니 훌훌 털어내며 만듭니다.

쿠키 반죽을 깔끔하게 밀어 펴는 요령!

첫째, 반죽을 밀어 펼 때는 비닐을 이용하세요.

반죽을 담아 보관했던 비닐 상태 그대로 작업대에 올려 밀대로 밀다가 비닐에서 반죽을 꺼내어

실리콘 페이퍼를 반죽 위, 아래에 두고 반죽을 밀면 붙지 않고 잘 밀어져요.

둘째, 반죽을 보관했던 비닐의 막힌 면을 잘라서 넓게 펴고

그 사이에 반죽을 넣고 밀어도 된답니다.

쫀득한 초콜릿 쿠키

Chocolate Cookie

바삭, 쫀득, 촉촉한 쿠키

만인의 사랑을 받는 초콜릿 칩 쿠키를
설탕의 양을 살짝만 줄여 구워보세요.
쉽고 간단하게 만들어 바로 먹으면 쫀득 달콤 사르르 녹는답니다.
따뜻할 때 먹어도 너무 맛있어요.

40g으로 분할 · 10개 분량 · 170℃ 10분

유기농 박력분 120g	버터 75g	달걀 1개
베이킹소다 2g	백설탕 63g	바닐라 익스트랙 약간
	꿀 27g	초콜릿 칩 46g
	소금 1g	
	흑설탕 45g	

01 중탕으로 버터를 녹여요.

02 ①에 유기농 설탕, 소금, 꿀, 흑설탕을 넣고 주걱으로 섞어요.

TIP · 유기농 설탕은 믹서에 갈아 사용하고 녹인 버터의 따뜻한 기운이 남아 있을 때 섞어요. 이때 설탕이 완전히 녹지 않아도 괜찮아요.

03 ②에 풀어둔 달걀을 두 번에 나눠 섞고 바닐라 익스트랙을 넣어 고루 섞어요.

TIP · ①의 따스한 기운이 아직 남아 있을 때 풀어둔 달걀을 넣어요.

04 ③에 박력분과 소금, 베이킹소다를 체에 내려 넣고 날가루가 보이지 않을 정도로 고무주걱을 세워 가르듯이 가볍게 섞어요.

TIP · 입자가 굵은 소금이 다 녹지 않으면 한 곳에서 짠맛이 나므로 굵은 소금은 믹서나 분쇄기에 갈아서 사용해요.

05 ④에 초콜릿 칩을 넣어 섞고 반죽을 가볍게 섞어 한 덩이로 뭉쳐요. 반죽에 랩을 씌우고 냉장고에 10분 정도 넣었다 꺼내요.

06 냉장고에서 꺼낸 반죽을 숟가락으로 약 40g씩 떠서 테플론 시트를 깔아둔 오븐 팬에 넉넉하게 여유를 두어 올려요. 170℃로 예열한 오븐에서 10~12분 정도 구워요.

TIP · 구운 쿠키는 말랑하므로 오븐 팬 위에서 그대로 식히거나 한 김 식힌 후 식힘망에 옮겨요.

박력분 대신 중력분으로 바꿔도 식감이 좋아요.

×

버터를 중탕으로 녹이지 않고 전자레인지에 녹일 수 있습니다.
버터를 완전히 녹이려면 전자레인지에서 1분 정도 돌려야 하는데 버터가 팡팡 터져 더러워지므로
꼭 볼에 랩을 씌우고 전자레인지에 짧게 돌려 녹이세요.

×

레시피에서 제시한 설탕의 양은 줄이지 마세요.
설탕은 달콤함도 주지만 쿠키의 부드러움과 퍼짐성, 식감에 영향을 주기 때문입니다.

×

쫀득한 초콜릿 쿠키의 핵심은 ①, ②번 과정이에요.
①에서 따뜻한 버터와 설탕을 매끄럽게 섞는 것이 중요합니다.

이어서 실온에 둔 차갑지 않은 달걀을 넣어 고루 잘 섞으면 쫀득한 초콜릿 칩 쿠키를 성공할 수 있어요.

통밀 땅콩 쿠키

Wholemeal Peanut Cookie

바삭하게 가벼운 식감의 땅콩버터 쿠키

땅콩버터가 들어간 쿠키는 모두 맛있지만
통밀 땅콩 쿠키는 특히 맛있어서 어느 자리든 함께 하고 싶은 쿠키예요.
쓱쓱~ 쉽게 만드는 맛있고 먹음직스러운 쿠키,
데일리 간식으로 추천합니다.

12개 분량

박력분 65g	버터 50g	달걀 1/2개
통밀가루 35g	소금 1g	땅콩버터 45g
베이킹파우더 1g	유기농 설탕 58g	
베이킹소다 2g		

01 실온에 둔 부드러운 상태의 버터를 거품기로 풀어요.

02 ①에 소금과 유기농 설탕을 넣고 고루 섞어요.

TIP · 입자가 굵은 유기농 설탕은 믹서에 갈아서 사용해요.

03 ②에 따로 풀어둔 달걀 반 개를 두세 번에 나눠 넣으면서 설탕의 서걱거림이 없을 정도로 완전히 섞어요.

04 ③에 통밀가루, 박력분, 베이킹파우더, 베이킹소다를 함께 체에 내려 넣고 주걱으로 고루 섞어요.

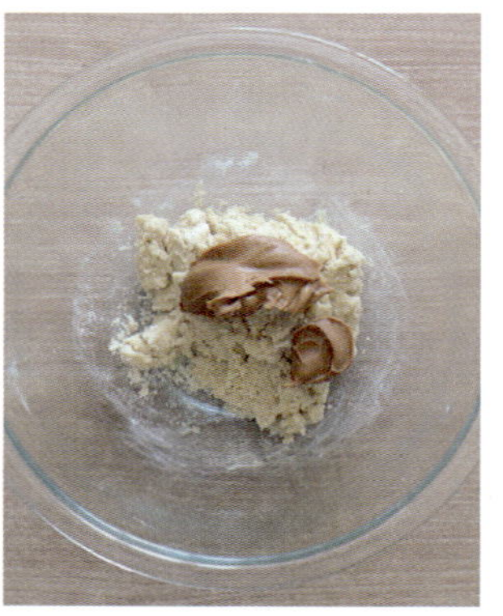

05 ④에 땅콩버터를 넣고 섞어요.

TIP · 땅콩버터를 넣고 완전히 섞지 않은 채 두세 번만 마블이 되도록 휘젓는 것이 포인트랍니다.

06 손으로 반죽을 가볍게 한 덩이로 뭉쳐요.

07 반죽을 15g으로 나눠 동글
동글한 모양을 만들어요.

08 손으로 반죽을 살짝 납작
하게 눌러요.

09 170℃로 예열된 오븐에서
12분 정도 구워요.

TIP · 12분 이상 굽지 마세요. 입안에서 파
사삭 가볍게 부서지는 바삭한 쿠키 맛이
좋아요.

오트밀 크랜베리 쿠키

Oatmeal Cranberry Cookie

씹을수록 고소한 오트밀 크랜베리 쿠키

식이섬유가 풍부한 오트밀을 넣어
꼭꼭 씹어 먹으면 입안 가득 고소함이 퍼지는 매력 만점인 쿠키 레시피랍니다.
크리스피 오트밀을 넣어 씹을수록 맛있어요.

10~12개 분량 · 170℃ 15분

통밀가루 50g	건크랜베리 45g	버터 75g
유기농 박력분 40g	크리스피 오트밀	슈거 파우더 65g
아몬드 가루 20g	(구운 귀리) 70g	꿀 15g
베이킹파우더 1/2ts	호두 20g	소금 약간
	시나몬 가루 1/2ts	달걀 1/2개

01 실온에 둔 버터를 부드럽게 풀어요.

02 ①에 소금과 슈거 파우더, 꿀을 서너 번에 나눠 넣으며 고루 섞어요.

03 ②에 풀어둔 달걀을 서너 번에 나눠 넣으며 섞어요.

TIP · 적은 양이지만 조금씩 나누어 넣으며 섞어요.

04 ③에 박력분, 베이킹파우더, 통밀가루, 아몬드 파우더, 시나몬 파우더를 함께 체에 내려 넣고 주걱으로 가르듯 섞어요.

05 ④에 건크랜베리, 크리스피 오트밀, 호두를 넣고 고루 섞어요. 손으로 반죽을 가볍게 하나로 뭉쳐요.

06 반죽을 떠서 오븐 팬 위에 올리고 납작한 주걱으로 한 번 눌러 모양을 잡은 다음 170℃로 예열한 오븐에서 15분 정도 구워요.

쿠키 반죽에 달걀을 넣는 과정에서 반죽과 달걀이 서로 분리되지 않으려면
달걀을 풀어서 두세 번에 나눠 넣는 것이 좋아요.
약간 분리되었다면 가루 재료를 조금 더 넣어 방지할 수 있습니다.

×

'크리스피 오트밀'은 구운 귀리로 구수합니다.
온라인 쇼핑몰에서 쉽게 구입할 수 있어요.

×

크런버리는 럼에 미리 1시간에서 반나절 동안 재워두었다가 체에 내리거나 키친타월에 올려
물기를 제거한 다음 사용하면 맛과 향이 깊어집니다. 잘게 씹히는 것이 좋으면 칼로 다져요.

×

호두는 180℃ 오븐에서 5~7분 정도 살짝 구워 식혔다가 넣어요.

밀크캐러멜 쿠키

Milk Caramel Cookie

밀크캐러멜의 달콤함을 품은 쿠키

루루아틀리에의 숨겨 두었던 비밀 레시피예요!
가나슈를 넣어 달콤한 반죽에 밀크캐러멜까지 더했습니다.
잘라보기 전까지 무엇이 들어 있는지 알 수 없는,
달콤함을 쏙 감춘 쿠키입니다.

30개 분할 · 15개 분량 · 170˚C 13~14분

쿠키

유기농 박력분 170g
베이킹파우더 2g
베이킹소다 1g
가나슈 50g

밀크캐러멜 15개
버터 130g
설탕 105g

가나슈

생크림 25g
다크 초콜릿 25g

How to make

가나슈 만들기

쿠키 만들기

01 중탕으로 녹인 다크 초콜 릿에 따뜻하게 데운 생크 림을 넣고 고루 섞어요.

02 박력분, 베이킹파우더, 베 이킹소다는 체에 두 번 내 려요.

03 볼에 실온에 둔 부드러운 버터를 넣은 후 핸드 믹서 로 풀고 유기농 설탕을 세 번에 나 눠 넣으며 뽀얗게 될 때까지 2분 정도 섞어요.

TIP · 유기농 설탕은 갈지 않은 원래 그대 로의 상태로 넣어요.
핸드 믹서로 설탕의 서걱거림이 없어지고 버터 색이 하얗게 변할 때까지 섞어요.

04 ③에 한 김 식힌 가나슈를 넣고 주걱으로 고루 섞어요.

05 ④에 ②에서 체에 내린 박 력분, 베이킹파우더, 베이 킹소다를 넣고 주걱을 세워 가르 듯 섞어요. 날가루가 보이지 않을 때까지 손으로 치대 한 덩어리로 뭉쳐요.

06 반죽을 25g씩 나누고 각각 손으로 납작하게 모양을 만들어 각 반죽 위에 밀크캐러멜 을 한 개씩 쏘옥 넣어 오므린 다음 170℃로 예열한 오븐에서 13~14 분 정도 구워요.

설탕을 넣는 과정에서 설탕을 넣고 휘핑을 많이 하면 도톰한 쿠키를 만들 수 있어요.

×

쿠키를 반죽할 때 가루를 섞는 과정에서 지나치게 많이 휘저으면 글루텐이 생겨 질겨지니
주걱을 세워 가르듯이 섞고, 날가루가 보이지 않으면 섞지 않습니다.

×

가나슈는 냄비에 생크림을 넣어 따뜻하게 데운 다음 중탕으로 녹인 초콜릿을 섞어요,
양이 적으니 한 번에 중탕하여 녹입니다.

×

밀크캐러멜이 찐득하게 굳지 않고 흘러내리도록 너무 오래 굽지 않아야 합니다.
주르륵 흘러내리는 밀크캐러멜은 캐러멜이 굳기 전, 쿠키가 따뜻할 때 맛보세요.
그 이상 구우면 캐러멜의 쫀득하고 부드러움을 맛보기가 어려우니 주루룩 터져 흐를 때 맛보세요.

실론티 쇼콜라

Ceylon Tea Chocolate

바삭파삭 홍차 쇼콜라 쿠키

은은한 홍차향과 달콤한 초콜릿 맛이 조화로운
실론티 쇼콜라 레시피는 특별하답니다.
선물용으로도 인기 만점이지요.

0.7cm 지름 별 깍지 · 40~45개

유기농 박력분 60g	버터 95g	분량 외 코팅용
통밀가루 60g	슈거 파우더 60g	초콜릿 약간(다크컴파운드코인)
아몬드 파우더 18g	달걀흰자 30g	
홍차 파우더 10g		

How to make

01 실온에 둔 버터를 부드럽게 풀어요.

02 ①에 슈거 파우더를 넣고 고루 섞어요.

03 미리 풀어 둔 달걀흰자를 두 번에 나눠 넣으며 고루 섞어요.

04 ③에 유기농 박력분, 통밀가루, 아몬드 가루, 홍차 파우더를 넣은 후 주걱으로 가르듯이 섞어요.

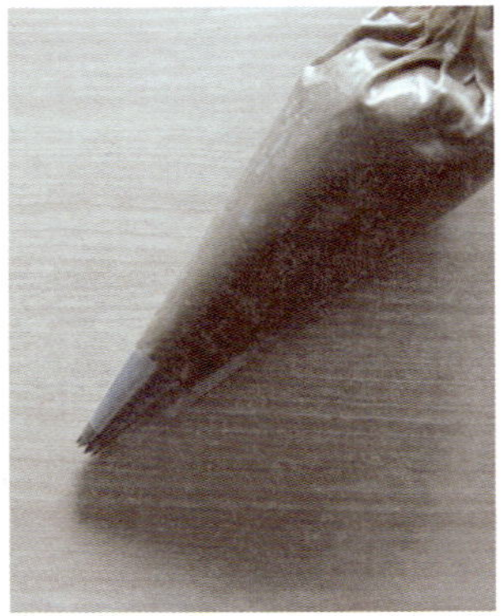

05 1cm 별 깍지를 낀 짤주머니에 ④의 반죽을 담아요.

06 테플론 시트를 깐 오븐 팬 위에 쿠키를 짜고 170℃로 예열한 오븐에서 10분 정도 구운 후 녹인 초콜릿을 묻혀요.

짤주머니에 반죽을 일정양만큼 넣어서 짜야 하는 이유

첫째, 반죽을 많이 담으면 반죽이 된 편이라 힘주어 짜기 힘듭니다.

둘째, 짤주머니에 담은 반죽은 손의 온도로 인해 점점 녹기 때문입니다.

×

짤주머니에 반죽을 넣고 쿠키를 예쁘게 짜는 팁!

짤주머니에 든 반죽을 짤 때 오븐 팬 위에서 약간의 거리를 두고 짭니다.

오븐 팬 위에 바로 대고 짜면 쿠키가 납작하니 동그랗고

통통하게 짜려면 오븐 팬 위에서 살짝 거리를 두고 반죽을 짜요.

쿠키 모양을 예쁘게 내려면 연습이 필요해요.

소보로 쿠키

Soboro Cookie

군침이 절로 나는 인기 만점 쿠키

쿠키 반죽과 더불어 딸기잼, 소보로까지 직접 만드는 정성이 가득한 쿠키예요.
쿠키를 커터로 찍고, 잼을 바르고, 고슬고슬한 소보로를 올리는 과정도 즐겁답니다.
첨가물을 넣지 않고 싱싱한 딸기, 유기농 설탕을 넣은
진득한 딸기잼도 만들어 맛있게 즐기세요.

4cm 주름 커터 · 15개 분량

쿠키	소보로	딸기잼
유기농 박력분 95g	박력분 40g	딸기 500g
버터 55g	버터 20g	유기농 설탕 180g
슈거 파우더 35g	땅콩버터 10g	천일염 2g
달걀노른자 1개	설탕 20g	레몬즙 10g
바닐라 익스트랙 약간	소금 약간	

01 볼에 실온에 둔 버터를 풀고 슈거 파우더를 넣고 섞은 다음 달걀노른자를 풀어 넣고 섞어요.

02 ①에 체에 두 번 내린 박력분을 넣은 다음 날가루가 보이지 않을 때까지 주걱으로 가르듯이 섞어요.

03 ②의 반죽을 한 덩어리로 가볍게 뭉쳐요.

04 ③의 반죽을 작업대에 올려 손으로 눌러 납작하게 펴 밀대로 0.5cm 두께로 밀어 편 다음 주름 커터로 찍어요.

05 오븐 팬에 종이 포일이나 테플론 시트를 깔고 간격을 둔 채 반죽을 하나씩 올려요.

06 쿠키 반죽에 포크나 이쑤시개로 구멍을 내요.

07 반죽에 딸기잼을 적당히 발라요.

08 볼에 소보로 재료를 모두 넣고 손으로 비벼 으깨면서 가볍게 보슬보슬한 상태로 고루 섞어요.

09 쿠키에 소보로를 올리고 180℃로 예열한 오븐에서 13~14분 정도 구워요.

엄마표 착한 딸기잼 만들기

01 볼에 딸기를 넣고 설탕을 뿌려 최소 1~3시간 이상 재워요.

02 두꺼운 냄비에 재워둔 딸기, 소금, 레몬즙을 넣고 타지 않도록 고루 저으며 끓여요.

TIP · 졸이는 정도에 따라서 만들어지는 잼의 양이 달라요. 레시피는 350㎖ 병에 들어가는 양이에요. 잼을 얼마나 진득하게 만드느냐에 따라 달라져요.

03 숟가락으로 잼을 약간 떠서 얼음물에 떨어뜨렸을 때 확 퍼지지 않으면 완성된 것으로, 잼의 농도를 확인해요. 열탕하여 소독한 유리병에 잼이 뜨거울 때 바로 넣고 거꾸로 세워 식힌 다음에 냉장 보관해요.

TIP · 잼 유통기한
개봉 후 냉장고에서 1~2주

TIP · 시판 딸기잼은 설탕의 양이 너무 많으므로 설탕의 양을 확 줄여 홈메이드로 만들어요. 보존성을 높이는 설탕을 줄이고 방부제가 없으니 가급적 빨리 소비하는 것이 좋아요.

코코넛 쿠키

Coconut Cookies

고소하고 향긋한 코코넛 쿠키

파삭하게 부서지는 식감에
티 푸드로 너무 좋은 쿠키 레시피랍니다.
초콜릿과 코코넛을 입혀 더욱 먹음직스러워요.

20개 분량

코코넛 가루 20g   버터 95g
유기농 박력분 65g   슈거 파우더 22g
옥수수 전분 15g   코팅 초콜릿 적당량
                        (다크컴파운드코인)

01 실온에 둔 말랑한 버터는 거품기로 부드럽게 풀어요.

02 ①에 슈거 파우더를 넣고 고루 섞어요.

03 ②에 체에 두 번 내린 코코넛과 박력분을 넣고 주걱으로 가루가 보이지 않을 때까지 가볍게 한 덩어리로 만들어요.

04 ③의 반죽을 20개로 나눠 각각 동글납작하게 빚어서 오븐 팬에 간격을 두고 올려요. 180℃로 예열한 오븐에서 10분 정도 구워요.

05 녹인 코팅 초콜릿을 쿠키의 반쪽에 묻혀요.

TIP · 코팅 초콜릿으로 '다크컴파운드코인'이라는 제품을 사용했어요. 중탕하기에 적은 양이니 전자레인지에 녹여서 사용해요.

06 초콜릿이 다 마르기 전에 코코넛을 뿌려요.

반죽을 짤주머니에 넣고 별 깍지를 이용해 쿠키를 모양내어 만들어도 좋아요.

×

코팅 초콜릿은 온라인몰이나 베이킹 전문점에서 쉽게 구입할 수 있어요.
또는 초콜릿을 전자레인지에 살짝 녹이거나 중탕으로 녹여서 사용할 수도 있습니다.

가토 오 쇼콜라

Gâteau au Chocolat

진득하고 달콤한 초콜릿 케이크

달콤한 초콜릿을 녹여 만든 초콜릿 케이크 한 조각은 사랑입니다.
특별한 장식 없이 슈거 파우더만 솔솔 뿌려도
먹음직스러운 케이크가 완성됩니다.

 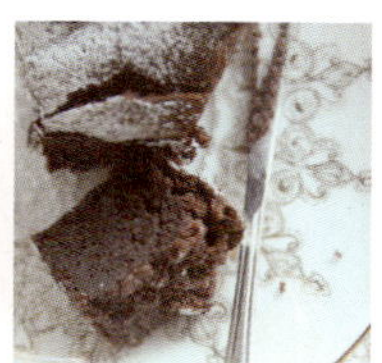 

───── 지름 15cm · 원형 틀 1개 분량 ─────

생크림 55g	다크 초콜릿 105g	달걀 3개
유기농 박력분 18g	버터 55g	설탕 95g
코코아 가루 25g		

How to make

01 볼에 초콜릿과 버터를 넣어요. 냄비에 따뜻한 물을 넣고 볼을 담가 중탕으로 초콜릿과 버터를 녹여요.

TIP · 중탕 온도는 너무 높지 않게 주의해요.

02 다른 볼에 달걀노른자만 분리해 담은 후 설탕 45g을 넣은 다음 노른자가 묵직하고 뽀얗게 될 때까지 고루 섞어요.

03 ②의 달걀노른자 색이 뽀얗게 되면 중탕으로 녹인 초콜릿과 버터를 넣은 후에 생크림을 넣고 섞어요.

04 다른 볼에 달걀흰자를 넣고 설탕을 두세 번에 나눠 넣으며 핸드 믹서로 뿔이 단단한 머랭을 만들어요.

TIP · 거품기를 들었을 때 뿔이 생기는 단단하고 풍성한 머랭을 만들어요.

05 ③에 ④의 머랭을 반만 넣고 머랭이 꺼지지 않도록 가볍게 섞어요.

06 ⑤에 체에 내린 박력분, 코코아 가루를 넣고 주걱으로 고루 섞어요.

07 ⑥에 ④의 남은 머랭을 마저 넣고 주걱으로 가볍게 섞어요.

TIP · 머랭이 꺼지지 않게 가볍게 섞어요.

08 유산지를 깐 팬에 반죽을 넣어요.

TIP · 반죽을 담은 후 평평하게 윗면을 한 번 정리해요.

09 150℃로 예열한 오븐에서 30~35분 정도 구워요.

<hr>

실패하지 않는 Baking Tip

반죽에 넣을 생크림은 중탕으로 살짝 따뜻하게 데웠다가 사용해요.

×

쇼콜라 케이크를 굽고 나서 슈거 파우더는 케이크가 식은 뒤에 솔솔 뿌려요.

×

'머랭'은 달걀흰자에 설탕을 섞어 거품을 단단하게 올린 것을 말합니다.
핸드 믹서로 머랭을 단단하게 만들고, 애써 만든 거품이 꺼지지 않도록 가볍게 섞어요.

×

가토 오 쇼콜라 케이크는 꼭 차게 해서 드세요. 식힌 후 냉장고에 넣어 차게 해서 다음 날 먹으면
묵직하고 쫀득한 초콜릿 맛이 환상적이랍니다.

시트러스 케이크

Citrus Cake

상큼한 과일 파운드케이크

촉촉한 케이크에 상큼한 과일 향을 더하면 풍미가 더해져 맛이 좋아집니다.
시트러스 케이크는 오렌지즙을 살짝 넣은 달콤 상큼한 아이싱이 포인트랍니다.
간단한 아이싱으로 맛이 3배는 업그레이드되니 꼭 뿌려 먹어요.

미니 파운드케이크 틀 2개 분량 · 170℃ 25분

파운드케이크
유기농 박력분 95g
베이킹파우더 2g
분유 7g

열대과일 믹스 27g
오렌지 1개
오렌지 리큐르 1ts

달걀 2개(107g)
버터 83g
바닐라 설탕 86g

오렌지 아이싱
슈거 파우더 50g
오렌지즙(착즙
오렌지 주스) 10~15g
오렌지 리큐르 1ts
케이크 위에 뿌릴
오렌지 제스트 약간

How to make

파운드케이크 만들기

01 깨끗하게 씻은 오렌지를 강판에 껍질만 곱게 갈아 오렌지 제스트를 만들어요.

02 볼에 실온에 둔 부드러운 버터를 풀고 설탕을 세 번에 나눠 넣으며 버터 색이 뽀얗게 될 때까지 섞어요.

03 풀어둔 달걀을 세 번에 나눠 넣으며 섞은 다음 오렌지 리큐르도 넣고 섞어요.

TIP · 달걀을 한꺼번에 넣으면 버터 반죽과 분리될 수 있으니 조금씩 나눠 넣어요.

04 ③에 체에 내린 박력분, 분유, 베이킹파우더, 소금을 넣고 가루가 거의 보이지 않을 때까지 주걱으로 고루 섞어요.

05 ④에 ①에서 만든 오렌지 제스트와 열대과일 믹스를 넣어요.

TIP · 열대과일 믹스에는 건망고, 건파파야, 건파인애플 등이 들어 있어요.

06 반죽을 미리 버터 칠을 한 틀에 채우고 170℃로 예열한 오븐에서 25~30분 정도 구운 다음 틀에서 분리해 식힘 망 위에 올려 식혀요.

TIP · 반죽의 양쪽 끝을 올려서 구우면 파운드케이크의 가운데가 볼록해져요.

오렌지 아이싱 만들기

01 오렌지즙에 슈거 파우더를 넣고 섞어요.

02 ①에 오렌지 리큐르를 넣고 섞어요.

03 완성된 오렌지 아이싱을 식힘 망 위에 올려 식힌 케이크 위에 예쁘게 고루 뿌려요.

TIP · 아이싱을 뿌릴 때는 자유롭게 술술 뿌려요. 아이싱을 짤주머니에 넣어서 뿌려도 좋아요.

실패하지 않는 *Baking Tip*

오렌지 리큐르(쿠엥트로, 트리플 섹, 그랑 마니에르 등)는 베이킹 전문점에서 구입할 수 있는
제품도 있지만 주류상에만 있는 제품도 있어요.

×

케이크를 굽기 전 파운드 틀에 붓으로 버터 칠을 얇게 해서 냉장고에 넣어요.
버터를 얇게 바르고 강력분이나 박력분을 뿌려서 털어낸 다음
틀을 냉장 또는 냉동하여 차갑게 보관했다가 반죽을 담고 구워요.

×

반죽을 틀에 담을 때는 숟가락이나 주걱으로 담아도 되고
깔끔하게 담고 싶으면 짤주머니를 이용해도 좋아요.

×

케이크가 다 익었는지 확인하는 방법!
케이크가 노릇노릇하게 구워졌을 때쯤 얇은 꼬치로 반죽을 찔러 보세요.
반죽이 꼬치에 묻어나면 덜 익은 상태이고, 묻어나지 않으면 다 익은 상태입니다.

×

반죽과 아이싱에 들어가는 오렌지 리큐르는 생략 가능하지만,
넣었을 때와 넣지 않았을 때 풍미의 차이는 확연해요.
특히 아이싱에 오렌지 리큐르를 넣으면 맛이 확 살아나요.

마블 코코 케이크

Marble Coco Cake

썰 때마다 어떤 모양이 나올지 궁금한 마블 케이크

마블 케이크는 케이크 외관과 자른 면이
마블(대리석) 무늬와 닮았다고 해서 붙여진 이름이에요.
아이와 함께 케이크를 자를 때마다 탄성이 나오는 레시피랍니다.
코코아의 선명한 무늬가 멋스럽고 맛은 더 고급지지요.

미니 파운드케이크 틀 2개 분량 · 175℃ 30분

박력분 100g	버터 110g
아몬드 파우더 25g	바닐라 유기농 설탕 110g
베이킹파우더 2g	소금 1g
	달걀 2개(100g)
	녹인 초콜릿 50g

How to make

01 볼에 실온에 둔 부드러운 버터를 풀고 바닐라 설탕을 두세 번에 나눠 넣으며 뽀얗게 될 때까지 2~3분간 섞어요.

TIP · 유기농 설탕은 입자가 굵으므로 믹서에 갈아 사용하고, 설탕의 서걱거림이 잦을 때까지 충분히 풀어요.

02 ①에 따로 풀어 둔 달걀을 조금씩 여러 번에 나눠 넣으며 고루 섞어요.

03 ②에 체에 내린 박력분, 베이킹파우더, 아몬드 가루를 넣은 다음 주걱으로 가르듯이 섞어요.

04 중탕하거나 전자레인지를 이용해 녹인 다크 초콜릿에 ③의 반죽을 1/3 정도만 넣고 재빨리 고루 섞어요.

05 미리 버터 칠을 한 틀에 ④의 반죽을 넣고 윗면을 주걱으로 평평하게 다듬어요.

TIP · 케이크 틀은 미리 얇게 버터 칠을 해서 냉장고에 넣었다가 사용해요.

06 ⑤에 ③의 남은 반죽을 넣고 주걱으로 크고 가볍게 서너 번 휘저어 마블링을 나타내요. 170℃로 예열한 오븐에서 30분 정도 구운 후 틀에서 분리해 식힘 망에 올려 식혀요.

반죽은 케이크 틀에 평평하게 담고 가운데 모양이 봉긋하게 되도록
주걱으로 반죽의 양 끝을 올려서 구우면 케이크 모양이 예뻐요.
주걱이나 칼에 버터나 오일을 발라 반죽의 중심을 길게 그으면
굽는 동안 케이크 윗면이 예쁘게 터져 봉긋하게 솟아 올라요.
반죽을 오븐에 넣고 5분 정도 구운 다음 꺼내어 칼집을 낼 수도 있답니다.

×

마블을 만드는 여러 가지 팁!
첫째, 과정 ④에서 녹인 초콜릿 대신 따뜻한 물에 코코아 가루를 넣고
두세 번 휘저어 넣어 사용해도 섬세한 마블이 만들어집니다.
둘째, 반죽의 분량을 반으로 나눠 플레인 반죽과 초콜릿을 섞은 반죽으로 나눈 다음 초콜릿 반죽을 틀에 먼저
넣고 그 위에 플레인 반죽을 넣어 주걱으로 살짝 섞어도 예쁜 마블이 나와요.

×

바닐라 설탕 만드는 방법!
다 쓰고 남은 바닐라 빈 껍질을 유기농 설탕과 갈아서 사용합니다.
설탕 200g에 바닐라 빈 껍질 20g을 믹서에 넣고 갈아요.
곱게 갈지 않으면 바닐라 빈 껍질이 군데군데 씹힐 수 있으니 곱게 갈아야 합니다.

현미 파이

Brown Rice Pie

쫀득쫀득 현미 파이

요즘 베이커리에서는 예전과 달리 쌀로 만든 제품도 자주 만나볼 수 있어요.
찰 현미, 찰 흑미, 찹쌀을 넣어 건강하게 만들어 본 파이예요.
찹쌀로 만든 파이는 밀가루로 만든 파이와는 다른 매력으로 쫀득쫀득 맛있어서
한 번 맛보면 다시 찾게 되는 메뉴랍니다.

미니 타르트 틀 3개 분량 190g씩 · 3개

찹쌀가루 150g	베이킹파우더 2g	우유 120g
찰 현미 가루 50g	소금 약간	장식용 견과류
찰 흑미 가루 50g	달걀 2거	(다진 피스타치오, 코코넛 채,
아몬드 가루 30g	설탕 55g	아몬드 슬라이스 등) 약간씩

01 볼에 찹쌀가루, 찰 현미 가루, 찰 흑미 가루, 베이킹 파우더, 아몬드 가루를 함께 체에 내려요.

TIP · 직접 빻은 찹쌀가루예요. 요즘에는 떡집에 가는 번거로움 없이 온라인 쇼핑몰에서 구입할 수 있어요.

02 볼에 달걀 두 개와 소금, 설탕을 넣고 고루 섞어요.

03 ②에 우유를 넣고 고루 섞어요.

TIP · 시판 가루를 사용하면 우유의 양을 늘려야 해요.

04 ③에 ①의 가루를 넣고 날 가루가 보이지 않을 때까지 잘 섞어요.

05 버터를 얇게 바른 타르트 틀에 반죽을 90% 정도 채우고 다진 피스타치오, 코코넛 채, 아몬드 슬라이스를 올려요. 170℃로 예열한 오븐에서 30~35분 정도 굽고 틀 째로 식힌 후 잘라 먹어요.

찹쌀가루, 찰 현미 가루, 찰 흑미 가루는 떡집에서 직접 빻은 가루를 사용했어요.
온라인 쇼핑몰에서 어렵지 않게 구입할 수 있고 냉동시켜서 보관했다가 사용할 수 있습니다.
굽기 전에 실온에 꺼내어 너무 차갑지 않은 상태에서 반죽하세요.

×

취향에 따라 팥 배기나 완두콩 배기, 강낭콩 배기 등을 넣어 먹어도 좋아요.

그릭 요거트 치즈케이크

Greek Yogurt Cheese Cake

묵직하고 새콤한 치즈케이크

그릭 요거트와 크림치즈가 만나 새콤하면서 묵직한 느낌으로
마지막까지 부드럽게 즐길 수 있는 치즈케이크 레시피예요.
치즈케이크는 언제나 베스트셀러랍니다.
냉장고에 넣어두었다 꺼내 먹으면 더욱 맛있답니다.

지름 15cm 원형 틀 1개 분량 · 160℃ 50분

케이크 바닥	케이크 반죽	
시판 통밀 쿠키	크림치즈 280g	바닐라 빈 약간
(다이제스티브) 100g	그릭 요거트 150g	옥수수 전분 20g
무염 버터 25g	생크림 40g	설탕 105g
	달걀 2개	레몬즙 10g

How to make

01 다이제스티브 쿠키를 지퍼
백에 넣어 밀대 등으로 잘
게 부수고 실온에 둔 부드러운 버
터를 넣은 후 고루 섞어요.

02 ①을 케이크 바닥에 꼭꼭
눌러 깔고 냉장고에 넣어
굳혀요.

03 볼에 말랑한 크림치즈를
넣고 덩어리지지 않게 부
드럽게 풀어요.

04 ③에 그릭 요거트와 설탕
을 순서대로 넣고 고루 섞
어요.

05 미리 푼 달걀을 ④에 조금
씩 흘려 넣어 고루 섞은 다
음 레몬즙을 넣고 섞어요.

06 바닐라 빈을 세로로 잘라
칼등으로 씨를 긁어 넣고
섞어요.

07 ⑥에 체에 내린 옥수수 전분을 넣고 생크림도 부어가며 고루 섞어요.

08 오븐 팬 위에 냉장고에서 꺼낸 ②의 틀을 올리고 ⑦의 반죽을 부어요. 오븐 팬 위에 뜨거운 물을 붓고 160℃로 예열한 오븐에서 1시간 정도 중탕으로 구워요.

--- 실패하지 않는 *Baking Tip* ---

치즈케이크 윗면이 꺼지는 현상과 크랙을 방지하는 법!

첫째, 치즈케이크 반죽을 지나치게 많이 섞지 마세요.

크림치즈와 설탕을 섞는 단계에서 굳이 핸드 믹서를 이용하지 않아도 돼요.

공기가 많이 들어가면 케이크 반죽이 부풀었다가 꺼져 버리기 때문입니다.

둘째, 치즈케이크를 굽는 온도에 신경 쓰세요.

오븐의 온도가 높으면 반죽이 꺼지거나 크랙이 생길 수 있으니 높지 않은 온도에서 충분히 구워요.

셋째, 오븐 팬에 뜨거운 물을 부은 다음 구워요.

수분이 공급되어 윗면이 갈라지지 않습니다.

×

치즈케이크 맛있게 먹는 법!

첫째, 다 구워진 케이크는 틀째 완전히 식은 다음 냉장 보관하고 먹을 때 틀에서 분리해요.

둘째, 케이크를 굽고 냉장 숙성시켜 다음 날 먹으면 훨씬 맛이 깊어집니다.

×

치즈케이크를 오븐에 넣기 전 표면을 한 번 정리하면 케이크 윗면이 깔끔하게 구워져요.

치즈케이크를 깔끔하고 예쁘게 자르려면 칼을 불에 달구고 한 번에 꾹 눌러 자릅니다.

딸기 롤 케이크

Strawberry Roll Cake

새콤달콤한 딸기 롤 케이크

비스퀴(Biscuit)는 독일에서는 스폰지 케이크를 말합니다.
가볍고 보송하게 만든 비스퀴에 상큼한 딸기를 올린 귀여운 롤 케이크는
딸기가 한창인 겨울에 더욱 인기가 많답니다.
키위, 복숭아 등 제철 과일을 넣어 다양하게 만들어 달콤하게 즐겨보세요.

— 25×30cm 롤 케이크 팬1개 분량 —

롤 케이크
유기농 박력분 65g
옥수수 전분 10g
달걀 3개
설탕 70g

시럽
물 30g
설탕 10g
오렌지 리큐르

크림
크림치즈 70g
생크림 70g

How to make

01 볼에 달걀흰자를 넣고 설탕을 세 번에 나눠 넣으며 단단하게 거품을 내 머랭을 만들어요.

02 ①의 머랭에 미리 풀어 둔 달걀노른자를 넣고 머랭이 꺼지지 않도록 고무 주걱으로 가볍게 섞어요.

03 ②에 체에 두 번 내린 박력분과 옥수수 전분을 넣고 고무 주걱으로 가루를 살살 흔들어 털면서 거품이 꺼지지 않도록 섞어요.

TIP · 반죽을 고루 섞되, 가볍게 섞어야 비스퀴 모양이 잘 나온답니다.

비스퀴 만들기

크림 만들기

04 0.8mm~1cm 원형 깍지를 끼운 짤주머니에 ③의 반죽을 담아요.

05 유산지를 깐 팬에 반죽을 사선으로 쭉쭉 짜서 채워요. 체를 이용해 슈거 파우더를 두 번 골고루 뿌린 다음 190℃로 예열한 오븐에서 10분 정도 구워요.

TIP · 머랭을 단단하게 만들지 않으면 반죽의 모양이 퍼져요.

06 부드러운 크림치즈에 생크림을 넣고 섞어 뻑뻑하게 크림을 만들어요.

07 깨끗하게 씻은 딸기를 손질해요.

08 ⑤에서 구운 비스퀴에 물+설탕+오렌지 리큐르를 섞은 시럽을 발라요. 스패츌러로 ⑥의 크림을 고르게 펴 바르고 딸기를 올려요.

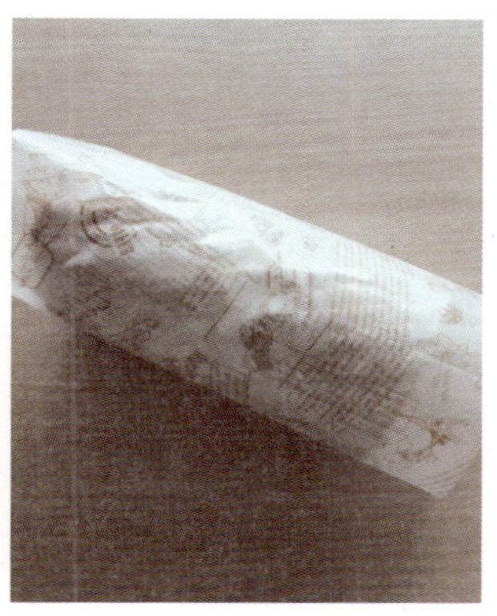

09 비스퀴를 돌돌 예쁘게 말아 유산지로 싸서 냉장고에 30분 이상 보관해 모양이 단단해진 이후 사용해요.

TIP · 유산지로 감싼 롤 케이크는 비스퀴가 갈라지거나 부서지지 않도록 김밥 말듯 휘리릭 한 번에 말아요.

실패하지 않는 *Baking Tip*

롤 케이크 시럽에 들어가는 오렌지 리큐르 대신 딸기 리큐르를 넣으면 더 잘 어울려요.
소량의 리큐르를 넣으면 향이 은은해서 케이크 맛도 좋아집니다. 없다면 생략도 가능해요.

×

구운 비스퀴는 바로 오븐 팬에서 꺼내 식힘 망에서 한 김만 식히세요.
완전히 식히면 비스퀴가 말라서 롤 케이크를 말 때 부서질 수도 있습니다.

×

롤 케이크롤 예쁘게 자르는 팁!

롤 케이크는 바로 자르지 말고 충분히 냉장 보관한 다음 잘라야 깔끔하게 자를 수 있습니다.
칼을 따뜻한 물에 담갔다가 물기를 닦고 자르면 예쁘게 잘려요.

브라우니

Brownie

진한 초콜릿 브라우니

반듯하게 구워 예쁘게 잘라놓은 브라우니는 언제나 인기 만점이죠.
브라우니 반죽에 견과류를 넣어도 좋고
완성된 브라우니에 딸기를 올리거나 슈거 파우더를 뿌려도 먹음직스럽습니다.
다양하게 브라우니를 응용해서 나만의 레시피에 도전해 보세요.

가로/세로 20cm • 정사각형 틀 1개 분량

유기농 박력분 35g	호두 45g	달걀 2개
코코아 가루 10g	캐슈너트 20g	유기농 설탕 105g
소금 약간	피스타치오 15g	버터 80g
	코코넛 채 약간	초콜릿 143g

How to make

01 견과류는 150℃ 오븐에서 8~10분 정도 구워 준비해요.

02 볼에 달걀 두 개를 푼 다음 설탕을 넣고 설탕이 적당히 녹을 때까지 섞어요.

TIP · 설탕의 서걱거림이 잦아들 때까지 가볍게 섞어요.

03 다른 볼에 버터와 초콜릿을 넣고 중탕으로 녹여 살짝만 식혀요.

04 ③에 풀어둔 달걀을 두 번에 나눠 넣으며 체에 두 번 내린 박력분과 코코아 가루를 넣은 다음 거품기로 재빨리 매끈하게 고루 섞어요.

05 유산지를 잘라 깔아둔 틀에 반죽을 붓고 10cm 높이에서 틀을 바닥에 떨어뜨려 반죽을 고르게 만들어요. 구운 견과류를 뿌리고 170℃로 예열한 오븐에서 20분 정도 구워요.

TIP · 브라우니는 완전히 익히는 것보다 덜 익혀 속이 촉촉한 상태가 맛있어요. 꼬치로 반죽을 찔러서 묻어나지 않으면 완전히 익은 것이고, 반죽이 살짝 묻어날 때 꺼내면 촉촉해요.

06 구워진 브라우니가 한 김 식으면 잘라요.

TIP · 브라우니는 오븐에서 꺼낸 후 바로 자르면 깔끔하게 잘리지 않으므로 한 김 식은 후 잘라요.

가루를 섞을 때 너무 많이 섞지 마세요.
거품기로 아래에서 위로 퍼올리듯 가볍고 매끈하게 섞어야 브라우니의 묵직한 식감을 맛볼 수 있습니다.

×

브라우니가 퍽퍽한 원인 두 가지!

첫째, 브라우니를 너무 오래 굽지 않도록 주의하세요. 너무 오래 구우면 퍽퍽해집니다.
둘째, 설탕의 양을 무턱대고 줄이면 진득하고 촉촉한 브라우니를 기대하기 어렵습니다.

×

브라우니를 예쁘게 자르는 팁!

브라우니가 식은 뒤 잘라요. 수분이 퍼져나와 부스러지지 않고 자르기 수월해집니다.

크림치즈케이크

Cream Cheese Cake

보들보들 촉촉한 크림치즈케이크

갓 구운 크림치즈케이크를 한 입 베어 물면 세상 행복하죠.
겉은 바삭하고 속은 어찌나 부드러운지
모두가 반한 케이크랍니다.

미니 번트 틀 6개 분량 · 170℃ 15분

유기농 박력분 80g	버터 85g	크림치즈 45g
베이킹파우더 3g	유기농 설탕 75g	우유 25g
분유 7g	소금 1g	
	달걀 1개 반	

01 실온에 둔 버터와 크림치즈를 부드럽게 풀어요.

TIP · 크림치즈가 차가울 경우에는 전자레인지에 살짝 돌려 부드럽게 만들어 사용하세요.

02 ①에 소금을 넣어 섞고, 설탕은 서너 번 나누어 넣으며 2~3분간 부드럽게 섞어요.

TIP · 유기농 설탕은 믹서에 곱게 갈아 사용해요.

03 미리 풀어 둔 달걀을 ②에 여러 번 나눠 넣으며 고루 섞어요.

04 ③에 박력분, 베이킹파우더, 분유를 함께 체에 내려 넣고 주걱으로 가르듯이 섞어요.

05 ④에 우유를 넣고 주걱으로 매끄럽게 섞어요.

06 틀에 반죽을 80% 정도 담고 170℃로 예열한 오븐에서 15분 정도 구운 다음 틀에서 분리해 식힘 망 위에 올려 식혀요.

TIP · 틀에 미리 버터를 얇게 칠해 두세요.

미니 번트 틀 대신 미니 머핀 틀을 이용해도 170℃로 예열한 오븐에서 15분 정도 구울 수 있어요.
일반 케이크 틀에 구우려면 170℃에서 굽는 시간을 늘리고
나무 꼬치로 반죽을 찔렀을 때 반죽이 묻어나지 않으면 다 익은 거예요.

당근 케이크

Carrot Cake

보드라운 당근 케이크

거품 내는 과정 없이도 충분히 보드랍고 촉촉한 케이크예요.
냉장고에 굴러다니는 당근의 화려한 변신을 기대하세요!
당근을 싫어하는 아이도 정말 맛있게 먹는답니다.

— 높은 머핀 컵 6개 분량 —

당근 케이크

유기농 박력분 130g	당근 90g	달걀 2개
땅콩 가루 20g	건블루베리 40g	아보카도 오일 80g
베이킹파우더 3g	시나몬 가루 1g	유기농 설탕 50g
베이킹소다 3g	넛맥 약간	흑설탕 50g
		소금 약간

크림치즈 프로스팅

슈거 파우더 28g
크림치즈 150g
라임즙 3g

How to make

당근 케이크 만들기

01 볼에 달걀을 넣어 잘 풀고 유기농 설탕과 흑설탕을 넣은 다음 설탕이 녹을 때까지 거품기로 섞어요.

02 설탕이 녹을 때까지 충분히 섞어요.

03 ②에 아보카도 오일을 조금씩 흘려 부으면서 거품기로 계속해서 저어요.

TIP · 오일이 반죽과 따로 놀지 않고 전체적으로 잘 섞일 때까지 저어요.

04 ③에 체에 내린 박력분, 땅콩 가루, 베이킹파우더, 베이킹소다, 시나몬 가루, 넛맥을 넣고 주걱을 세워 가르듯이 골고루 섞어요.

TIP · 땅콩 가루 대신 아몬드 가루를 넣어도 좋아요.

05 ④에 곱게 간 당근과 건블루베리를 넣고 골고루 섞어요.

06 머핀 컵에 반죽을 70% 정도 담고 170℃로 예열한 오븐에서 10분 정도 굽다가 160℃로 낮춰 15분 정도 구워요.

TIP · 20분 정도 되면 꼬치로 찔렀을 때 다 익어서 묻어 나오는 것이 없으면 오븐에서 꺼내고 덜 익었으면 5분 정도 더 구워요.

크림치즈 프로스팅 만들기

실온에 둔 크림치즈를 부드럽게 풀어요. 슈거 파우더를
넣고 섞은 다음 라임즙을 넣어 섞어요.

TIP · 단맛이 좋으면 슈거 파우더 양을 늘려요. 입맛에 맞게 프로스팅
을 올려요. 이 책에서는 프로스팅을 장식할 때 주황색 컬러 슈거를 뿌
렸어요. 크림치즈에 컬러 슈거를 섞으면 주황색으로 변해요. 짤주머
니에 흰색 크림치즈와 주황색 크림치즈를 함께 넣고 짜면 예쁘게 그
러데이션 돼요.

실패하지 않는 Baking Tip

그동안 당근 케이크를 실패했다면 원인은 오일이에요.
오일은 당근 케이크의 촉촉함을 결정하는 재료이기도 합니다.
오일이 반죽과 따로 놀면 당근 케이크는 떡이 되므로
오일을 조금씩 부으면서 거품기로 골고루 섞습니다.

×

일반적으로 베이킹에 어울리는 오일은 포도씨유가 무난하고, 카놀라유나 일반 식용유도 괜찮아요.
올리브유는 자체의 향 때문에 추천하지 않습니다. 제가 사랑하는 아보카도 오일은 정말 최고예요.

×

당근의 씹는 식감을 좋아한다면 갈지 않고 채 썰어서 넣어요.

라즈베리 초콜릿

Raspberry Chocolate

초콜릿 반죽에 톡톡 씹히는 라즈베리 초콜릿 필링을 올려
상큼하게 구운 레시피예요.
새콤한 필링이 초콜릿 맛과 조화를 이뤄 새콤달콤하답니다.

낮은 베이킹 컵 6개

라즈베리 초콜릿

유기농 설탕 55g	초콜릿 120g
바닐라 빈 약간	버터 80g
유기농 박력분 30g	달걀 2개

라즈베리 초콜릿 필링

라즈베리 55g
설탕 28g
초콜릿 35g

초콜릿 만들기

01 볼에 초콜릿과 버터를 함께 넣고 중탕으로 녹여요.

02 다른 볼에 달걀과 유기농 설탕, 바닐라 빈을 넣어 섞은 다음 ①을 흘려 부으며 고루 섞어요.

TIP · 바닐라 빈이 없으면 바닐라 익스트랙을 넣어도 좋아요.

03 ②에 체에 내린 박력분을 넣고 매끄럽게 섞어요.

04 베이킹 컵에 반죽을 80% 정도 채워요.

05 라즈베리 초콜릿 필링을 올리고 180℃로 예열한 오븐에서 10분 정도 구워요.

라즈베리 초콜릿 필링 만들기

01 냄비에 라즈베리와 설탕을 넣고 중불에 올려 저으며 끓여요. 이때 설탕이 모두 녹아 졸여져야 해요.

TIP · 내용물이 타지 않도록 주의하고 주르륵 흐르지 않을 정도로 졸여요.

02 살짝 걸죽해지면 불을 끄고 초콜릿을 넣은 다음 매끈하게 섞어요.

TIP · 불을 끄고 ①의 잔열로 초콜릿을 녹여요.

실패하지 않는 *Baking Tip*

필링을 만들 때 라즈베리와 설탕을 믹서나 분쇄기에 넣고 갈면
졸이는 시간이 단축되고 굵게 씹히는 식감이 줄어 좋습니다.

·×

라즈베리 초콜릿 필링은 상큼한 라즈베리와 달콤한 초콜릿맛이 더해져 오묘하게 맛있어요.
필링의 초콜릿 다신 레몬즙을 살짝 넣으면 초콜릿맛은 빠지고 상큼한 맛이 더해집니다.
다양하게 시도해 보고 나만의 비밀 레시피로 완성해 보세요.

단호박 쌀 케이크

Sweet Pumpkin Rice Cake

포슬포슬 건강한 쌀 케이크

찜기에 쪄서 오븐에 구운 밀가루 빵보다 맛있는 쌀 케이크랍니다.
폭신폭신하고 부드러워서 술술 넘어가요.
찜기에서 바로 나왔을 때 먹으면 꿀맛이에요.
건강한 재료로 손쉽게 만들어 든든하게 즐길 수 있습니다.

지름 5cm 높이 3.5cm 틀 · 4개 분량

쌀 케이크

습식 멥쌀가루 170g	버터 30g
습식 찹쌀가루 25g	달걀 2개
단호박 가루 7g	우유 50g
베이킹파우더 2g	꿀 20g
유기농 설탕 60g	

토핑

해바라기 씨, 건포도,
아몬드 슬라이스, 밤,
건블루베리 약간

How to make

01 볼에 달걀 두 개를 풀어요.

TIP · 멍울이 없을 정도로만 풀어요.

02 ①에 설탕과 꿀을 넣고 잘 저어요.

03 ②에 체에 내린 멥쌀가루, 찹쌀가루, 단호박 가루, 베이킹파우더를 넣은 다음 매끈하게 섞어요.

04 ③에 녹인 버터를 넣어 한 번 더 고루 섞어요.

TIP · 버터는 전자레인지를 이용하거나 중탕으로 녹여서 준비해요.

05 반죽을 베이킹 컵에 담아요.

06 해바라기 씨, 건포도, 아몬드 슬라이스, 밤, 건블루베리 등을 토핑하고 김이 오르는 찜기에 넣어 20분 정도 쪄요.

실패하지 않는 *Baking Tip*

작은 베이킹 컵 대신 다른 케이크 틀을 이용할 때는 약 20분 정도 찝니다.

크게 구울 때는 불을 끄고 5분 정도 그대로 두어 뜸을 들이면 맛과 질감이 더욱 좋아져요.

살구 프리앙드

감미로운 살구 프리앙드

프리앙드는 프랑스어로 '감미로운'이라는 의미예요.
달걀흰자로 만든 프리앙드는 촉촉하고 쫀득한 맛이 좋답니다.
따뜻한 차에 곁들여 마시면 티 푸드로 딱이에요.
살구를 넣어 상큼하게 즐기세요.

낮은 베이킹 컵 7개

박력분 70g   버터 80g
아몬드 가루 75g 달걀흰자 4개
슈거 파우더 90g 건살구, 건블루베리(토핑용)
베이킹파우더 2g

01 볼에 달걀흰자를 넣고 거품기로 멍울을 풀어요.

TIP · 거품기로 많이 젓지 말고 멍울이 풀릴 정도로만 저어요.

02 ①에 체에 내린 박력분, 아몬드 가루, 슈거 파우더를 넣고 거품기로 고루 섞어요.

TIP · 박력분 대신 중력분, 슈거 파우더 대신 설탕으로 대체해도 괜찮아요.

03 날가루가 보이지 않게 섞이면 전자레인지에 녹이거나 중탕한 버터를 두 번에 나눠 넣으며 고루 섞어요.

TIP · 꼭 녹인 버터를 넣어야 해요.

04 ③의 반죽을 짤주머니에 담아요.

05 베이킹 컵에 반죽을 80% 정도 채워요.

06 건살구와 블루베리를 올리고 175℃로 예열한 오븐에서 12~15분 정도 구워요.

TIP · 건살구와 건블루베리는 럼에 재웠다가 넣어요.

프리앙드는 부드러운 식감이 포인트인데요,
그 식감을 좌우하는 건 반죽을 섞는 방법에 있답니다.
거품기로 반죽을 섞을 때 아래에서 위로 퍼올리듯 고루 섞는 게 중요합니다.

단짠단짠볼

Sugary Salty Ball

단짠단짠이 그리울 때, 피넛+치즈볼

달콤하고 짭짤한 맛을 한 번에 맛볼 수 있는 사랑스러운 디저트예요.
달콤한 쿠키 반죽을 짭짜름한 파르메산 치즈에 굴렸더니 씹을수록 고소해요.
땅콩버터와 파르메산 치즈가 만나 풍미도 두 배!

15g으로 분할 • 40개 정도 • 170℃ 15분

파르메산 치즈 12g	달걀 1개
유기농 박력분 150g	무염 버터 85g
베이킹소다 2g	피넛버터 95g
초콜릿 칩 45g	유기농 설탕 간 것 115g

How to make

01 실온에 두어 말랑한 무염 버터를 부드럽게 풀어준 다음 유기농 설탕을 넣고 섞어요.

TIP · 유기농 설탕은 믹서에 곱게 갈아 사용해요.

02 ①에 풀어둔 달걀을 조금씩 넣고 섞어요.

TIP · 적은 양의 달걀이지만 두세 번에 나누어 넣어야 잘 섞여요.

03 ②에 피넛버터를 넣고 섞어요.

TIP · ①에서 버터와 함께 섞어도 되어요. 피넛버터를 넣고 너무 오래 섞으면 퍽퍽하니 마지막에 가볍게 섞어요.

04 ③에 체에 두 번 내린 박력분과 파르메산 치즈를 넣고 섞은 다음, 하얀 가루가 거의 보이지 않을 때 초콜릿칩을 넣고 섞어요.

TIP · 파르메산 치즈는 체에 쉽게 내려지지 않으니 성긴 체에 내리거나 그냥 넣어도 괜찮아요.

05 ④의 반죽을 15g씩 떼어 각각 동글린 다음 파르메산 치즈에 충분히 굴려요.

06 테플론 시트를 깐 오븐 팬에 간격을 두고 올려요. 170℃로 예열한 오븐에서 15분 정도 굽고 꺼내 식힘 망에서 완전히 식혀요.

🥄 루루아틀리에 시그니처 쿠키 레시피 공개! 🥄

단짠단짠을 좋아하는 사람들의 입맛에 딱 맞는 디저트를 고민하다 만든 레시피예요.
피넛버터와 파르메산 치즈의 조합이 좋아서 굽자마자 동나는 쿠키랍니다.

×

단짠단짠볼 반죽을 파르메산 치즈에 굴릴 때는 골고루 듬뿍 묻혀야 맛있어요.

×

베이킹소다가 들어가 옆으로 퍼지는 쿠키예요.
쿠키를 오븐 팬 위에 올릴 때 옆으로 퍼지는 것을 고려해 여유 있게 패닝하세요.

링곤베리 크림 붓세

Lingonberry Cream Bouchee

구름 같이 폭신한 붓세와 환상 궁합, 링곤베리 크림

푹신하고 부드러운 식감이 좋은 프랑스 케이크 붓세에
북유럽 미인들의 필수 아이템이라는 슈퍼푸드 링곤베리 파우더로 만든 크림을 넣어
특별한 레시피가 완성되었어요.
깜찍한 크기로 구워 하나 집어 먹으면 사르르 날아갈 듯
입안 가득 상큼함이 퍼지는 붓세를 즐겨보세요.

40개 분량(세트 20개) · 170℃ 12~13분

붓세

옥수수 전분 8g	달걀흰자 70g
아몬드 가루 17g	바닐라 유기농 설탕 50
유기농 박력분 35g	달걀노른자 35gg

링곤베리 크림

링곤베리 파우더 7g
생크림 100g
크림치즈 65g
슈거 파우더 30g

How to make

붓세 만들기

01 볼에 달걀흰자를 넣고 핸드 믹서로 거품을 내다가 설탕을 세 번에 나눠 넣으며 휘핑해요.

02 달걀흰자의 거품 뿔이 단단하고 뾰족하게 머랭을 만들어요.

03 미리 풀어 둔 달걀노른자를 ②에 넣고 바닐라 익스트랙을 넣은 다음 고루 섞어요.

04 체에 내린 가루(옥수수 전분, 아몬드 가루, 유기농 박력분)를 ③에 반 정도만 넣고 가볍게 섞다가 남은 가루를 모두 넣고 날가루가 보이지 않을 때까지만 가볍게 섞어요.

05 ④의 반죽을 지름 1cm의 원형 깍지를 끼운 짤주머니에 담아요. 테플론 시트를 깐 오븐 팬 위에 일정 간격으로 동그랗게 짜요.

06 반죽 위에 슈거 파우더를 곱게 뿌리고 잠시 뒤에 다시 한 번 뿌린 다음 170℃로 예열한 오븐에서 12분 정도 구워요. 한 김 식은 후 링곤베리 크림을 올려 완성해요.

링곤베리 크림 만들기

  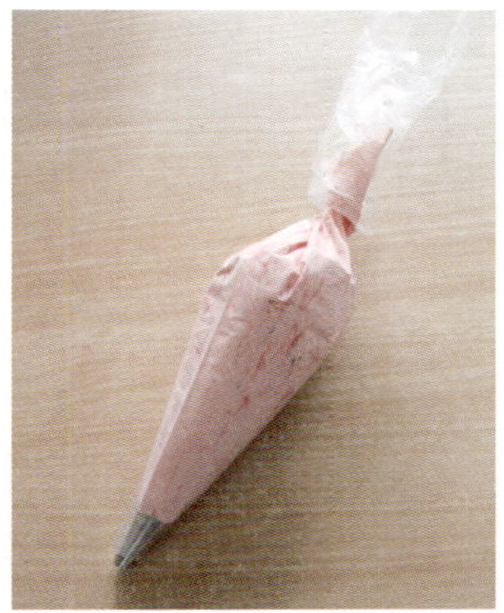

01 냄비에 체에 내린 링곤베리 파우더와 생크림 50g을 넣고 중약불에서 잘 섞이면 불을 끈 다음 말랑한 크림치즈, 슈거 파우더를 넣고 고루 섞어요.

TIP · 이 상태 그대로 필링으로 넣으면 부드러운 텍스처의 핫핑크색인 진하고 상큼한 필링이 완성되어요.

02 ①에 핸드 믹서로 단단하게 휘핑한 생크림을 넣고 매끈하게 섞어요.

TIP · 이 상태로 필링으로 넣으면 쫀쫀한 텍스처의 딸기 우유색의 부드럽고 맛있는 필링이 완성되어요!
얼음 물을 받친 볼에 생크림을 넣고 핸드 믹서로 단단하게 휘핑해 ①과 섞거나 ①에 생크림을 조금씩 넣으며 거품기 회전 자국이 날 정도로 섞어 뻑뻑하게 만들어요.

03 완성된 링곤버리 크림을 짤주머니에 넣어요. 한 김 식히고 미리 만들어 놓은 붓세 한쪽 면에 짜서 올린 후 다른 한쪽 붓세로 덮어요.

TIP · 크림을 만들 때 링곤베리 파우더를 더 많이 넣으면 핫핑크, 적게 넣으면 연핑크빛이 나와 원하는 색을 만들 수 있어요.

실패하지 않는 *Baking Tip*

링곤베리는 무기질, 단백질, 비타민까지 5대 영양소에 속하는 영양소가 골고루 들어 있어요.
오메가와 폴리페놀 성분도 다량 함유되어 있어 '북유럽의 붉은 금'이라는 별명을 가진 열매예요.
야생 링곤베리를 동결 건조 방식으로 분말화해서 간편하게 즐기도록 만들어진 것이 링곤베리 파우더랍니다.

×

링곤베리 파우더 보관과 사용 방법
개봉 후에는 냉장하고, 오래 보관하려면 냉동하세요.
습한 곳에서는 쉽게 뭉치니 냉장고에 보관했던 가루라면 크림을 만들기 전에 믹서나 분쇄기에 한 번 갈아요.
붓세 크림용으로 넣을 때 냉장고에서 꺼낸 그대로 생크림에 넣으면 뭉쳐서 곱게 풀리지 않아요.

×

링곤베리 파우더는 우유, 요거트에 타 먹어도 맛있어요.
'링곤베리 파우더', '링곤베리 가루' 등으로 검색하여 온라인몰에서 쉽게 구매할 수 있답니다.

×

바닐라 빈이 없을 때는 바닐라 익스트랙을 약간 넣으면 된답니다.

라임 폴보론

Lime Polvoron

폴보론은 먼지처럼 쉽게 바스러진다고 해서 붙여진 이름이에요.
스페인 또는 필리핀 과자로 유명합니다.
파삭한 식감의 비결은 바로 밀가루를 굽는 과정 때문이지요.
폴보론을 다 씹을 때 즈음 향긋한 라임 향이 맴돌아 특별한 경험을 즐길 수 있습니다.

8g · 20개 분량

박력분 60g	버터 55g
아몬드 가루 25g	슈거 파우더 23g
분량 외 슈거 파우더 적당량	라임 제스트 1개

How to make

01 오븐 팬에 테플론 시트나 종이 포일을 깔고 미리 체에 내린 박력분, 아몬드 가루를 150℃ 오븐에서 30분~1시간 정도 구워요.

02 제스터기나 강판으로 라임 껍질만 갈아요.

03 볼에 실온에 둔 버터와 슈거 파우더를 넣어 고루 섞고 ②의 라임 제스트도 넣은 후 잘 섞어요.

04 ①의 가루를 한 번 더 체에 내려 ③에 넣고 주걱으로 고루 섞고 반죽을 한 덩어리로 뭉쳐요.

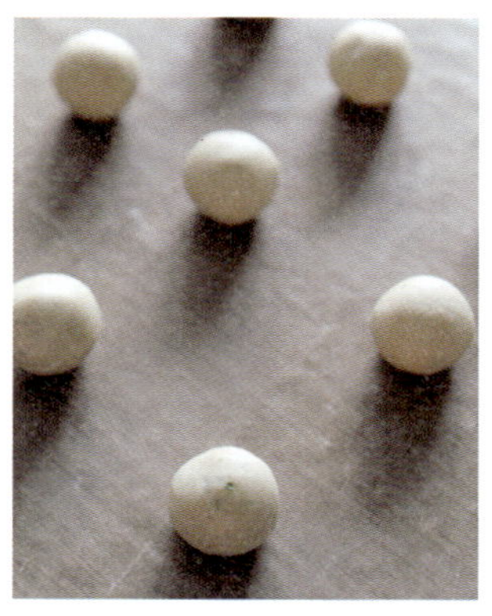

05 뭉친 반죽을 8g 정도로 떼어내 둥글게 빚어 종이 포일이나 테플론 시트를 깐 오븐 팬에 올리고 170℃로 예열한 오븐에서 10분 정도 구워요.

06 쿠키가 따뜻할 때 슈거 파우더에 골고루 굴려요.

① 과정에서 가루를 구워 사용하는 이유는 수분을 날려 폴보론만의 식감을 주기 위해서예요.
가루를 굽는 것은 입안에 넣는 순간 마법처럼 바스러지는 식감의 포인트입니다.
박력분과 아몬드 가루를 구워 사용하면 바삭한 식감이 나와요.
가루를 구운 뒤에는 완전히 식힌 다음 섞어서 사용해요.

×

라임 대신 레몬이나 오렌지를 이용해도 좋아요.
라임, 오렌지, 레몬 등의 과일은 끓는 물에 담갔다가 굵은 소금으로 박박 문질러 씻어서
겉 껍질 부분만 사용해요.
흰색 섬유질이 들어가면 쓴맛이 나니 주의하세요.

바닐라 밀크 생 캐러멜

Vanilla Milk Raw Caramel

입에서 사르르 녹는 캐러멜

생크림 대신 연유로 만든 맛있는 생 캐러멜이에요.
바닐라 빈 씨를 긁어 넣어서 향긋해요.
부드럽고 은은한 우유 맛에 남녀노소 계속 손이 가 디저트 가게 인기쟁이랍니다.

15×15cm 사각 틀 60개 분량

물엿 180g	플뢰르 드 셀 소금 약간	연유 205g
설탕 100g	(프랑스 천연 소금)	버터 55g
	일반 소금으로 대체 가능	

01 냄비에 연유, 설탕, 물엿을 넣어요.

TIP · 두꺼운 냄비를 이용해야 캐러멜을 만들 때 쉽게 타지 않아요.

02 바닐라 빈은 반을 잘라 씨를 칼로 긁어 넣고 소금도 넣어요.

TIP · 일반 소금보다 플뢰르드셀 소금을 넣으면 맛이 더 좋아요.

03 중불에 올려 끓이다가 설탕이 녹으면 잘게 썬 버터를 넣어요.

04 끓어 넘치거나 타지 않도록 계속 저으면서 온도계가 있으면 117~118℃가 될 때까지 저어요.

TIP · 약간 걸쭉한 상태까지 젓고 불을 세게 할수록 단단한 캐러멜이 만들어져요.

05 유산지나 종이 포일, 테플론 시트를 깐 사각 틀에 흘려 붓고 플뢰르 드 셀 소금을 솔솔 뿌린 다음 식혀요. 캐러멜이 완전히 식으면 냉장고에 넣어 단단하게 굳혀요.

TIP · 캐러멜 굳는 시간은 얼마나 단단하게 굳히느냐에 따라 천차만별이에요. 손으로 만져보아 단단함이 느껴지면 잘라서 꺼내 먹어요.

06 캐러멜을 틀에서 꺼낸 다음 먹기 좋은 크기로 잘라 냉장고에 넣어두고 먹어요.

TIP · 실온에서 금방 흐물흐물해지니 꼭 냉장보관하고 드세요.

캐러멜이 완성되었는지 확인하는 방법!

캐러멜을 너무 오래 끓여 118℃ 이상이 되면 딱딱해져서 먹기 불편해요.

온도계로 온도를 보고 적정 시간에 멈추는 것이 좋아요.

온도계가 없다면 찬물에 캐러멜을 조금 떨어뜨려 보세요.

풀어지지 않고 손으로 뭉쳐지는 정도면 완성이에요.

×

틀에서 캐러멜을 분리하는 방법!

틀의 가장자리에 칼을 넣어 살짝 힘주어 자르듯 틀에서 빼내어요.

×

생 캐러멜을 보관하는 방법!

자른 캐러멜은 유산지나 종이 포일에 사탕처럼 포장해

냉장 보관하거나 밀폐용기에 담아 보관합니다.

×

밀크캐러멜 쿠키를 만들 때 바닐라 밀크 생 캐러멜을 넣어도 좋아요.

둘세데레체 마들렌

Dulce de Leche Madeleine

달콤한 우유 마들렌

둘세데레체(Dulce de Leche)는 스페인어로 '달콤한 우유'라는 뜻이에요.
우유를 캐러멜 상태로 만든 아르헨티나의 전통 디저트랍니다.
그냥 먹어도 맛있는 둘세데레체를 넣은 사랑스러운 마들렌 레시피입니다.
배꼽이 툭 튀어 나온 마들렌,
어느 자리든 내어놓으면 눈 깜짝할 사이에 사라져요.

마들렌 25개

유기농 박력분 60g	버터 60g	달걀 1개
베이킹파우더 1.5g	생크림 28g	설탕 48g
분량 외 팬에 바를	둘세데레체 18g	소금 약간
강력분과 버터		

01 마들렌 틀은 부드러운 버터를 얇고 꼼꼼하게 바르고 밀가루를 뿌린 다음 팬을 탁탁 털어요. 반죽을 팬닝하기 전까지 냉장고에 넣어요.

TIP · 밀가루는 강력분을 이용해요.

02 볼에 달걀을 넣고 거품기로 멍울을 푼 다음 설탕, 소금을 넣은 후 충분히 저어요.

TIP · 달걀은 냉장고에서 꺼내 30분~1시간 이상 실온에 두었다가 사용해요. 설탕을 넣은 다음 충분히 저으면 마들렌이 더욱 부드러워져요.

03 ②에 체에 두 번 내린 박력분과 베이킹파우더를 넣고 거품기로 아래에서 위로 퍼올리듯 고루 섞어요.

TIP · 차갑지 않은 생크림을 사용해요.

04 다른 볼에 버터를 중탕으로 녹여 준비해요.

05 ③에 ④의 녹인 버터를 여러 번 나눠 넣고 매끄럽게 섞어요.

06 작은 볼이나 컵에 차갑지 않은 상태의 둘세데레체와 생크림을 넣고 고루 섞어요.

TIP · 둘세데레체 대신 바닐라 밀크 생 캐러멜이 굳기 전 상태를 둘세데레체 분량만큼 넣어도 좋아요.

07 ⑤의 반죽에 ⑥을 두 번에 나누어 넣으며 매끄럽게 섞어요.

08 반죽을 짤주머니에 넣고 냉장고에서 꺼낸 마들렌 틀에 반죽을 90% 정도 채운 다음 190℃로 예열한 오븐에서 8~10 분 정도 구워요.

실패하지 않는 Baking Tip

맛 좋은 마들렌을 만들려면 두 번 숙성을 기억하세요.

1차 숙성: 반죽을 만들고 나서 냉장고에서 1시간~하루 정도 휴지시켜요.

2차 숙성: 굽고 나서 12시간 숙성한 뒤에 먹으면 맛이 한결 깊어져요.

×

마들렌을 구우면 톡 튀어 나오는 배꼽 부분이 터지는 게 귀엽습니다.

마들렌을 터지지 않게 굽고 싶다면 양을 적게 팬닝하거나 온도를 조금 낮춰 구워요.

×

둘세데레체는 커피앤슈가(http://www.coffeensugar.co.kr) 등에서 구입할 수 있어요.

×

홈메이드 둘세데레체를 만드는 방법!

서울우유의 캔 연유를 구입해 캔 그대로 끓는 물에 3~4시간 정도 끓여서 둘세데레체를 만들 수 있어요.

찐득하고 달콤해서 식빵에 발라 먹어도 좋고 어떤 베이킹과도 잘 어울린답니다.

×

반죽은 너무 적은 양보다는 두 배 정도의 양으로 만들면 반죽하기 더 편해요.

모카 다쿠아즈

Mocha Dacquoise

가벼운 다쿠아즈에 무게감 있는 모카 크림을 곁들여 한 입 베어 물면
입안 가득 부드럽게 퍼지는 꽉 찬 맛으로 홀딱 반할 레시피예요.
다른 디저트가 안 부러울 정도로 기품 있는 다쿠아즈를 맛볼 수 있답니다.

─ 8개 분량 ─

다쿠아즈	파트 아 봉브 크림
아몬드 가루 80g	물 30g
유기농 박력분 8g	설탕 75g
슈거 파우더 45g	달걀노른자 2개
달걀흰자 100g	무염 버터 150g
설탕 45g	인스턴트 커피 4g(물 1ts)

How to make

다쿠아즈 만들기

01 볼에 달걀흰자를 넣고 핸드 믹서를 이용해 저속으로 휘핑하다가 설탕을 1/3 정도 넣어요.

TIP · 달걀흰자는 차게 보관했다 사용해요.

02 다시 나머지 설탕을 넣고 고속–중속으로 휘핑한 다음 저속으로 저으며 단단한 머랭을 완성해요.

TIP · 머랭을 올릴 때는 단단하게! 바삭하고 부드러운 식감을 맛볼 수 있어요.

03 ②에 체에 내린 박력분, 아몬드 가루, 슈거 파우더를 넣은 다음 날가루가 보이지 않게 재빨리 섞어요.

TIP · 너무 과도하게 섞으면 거품이 쉽게 꺼져요.

04 반죽을 짤주머니에 넣고 종이 포일이나 테플론 시트를 깐 팬에 다쿠아즈 틀을 올린 다음 틀에 맞게 반죽을 짜요.

TIP · 반죽을 짠 다음 반죽 윗면을 스크래퍼로 평평하게 정리해요.

05 ④에서 다쿠아즈 틀을 걷어낸 다음 반죽 위에 차 거름망을 이용해 슈거 파우더를 뿌리고 슈거 파우더가 녹으면 다시 한 번 뿌려요.

06 180℃로 예열한 오븐에서 12분 정도 굽고 식힘 망에 올려 식혀요.

TIP · 다쿠아즈는 너무 오래 구우면 부서지기 쉬워요. 노릇할 정도로 짧게 구워요.

파트 아 봉브 크림 만들기

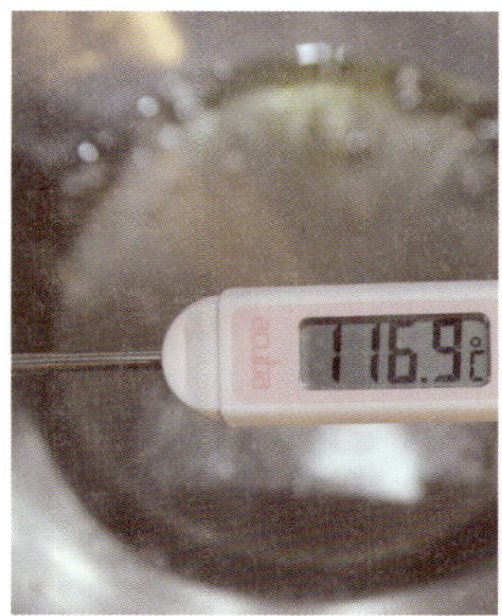

01 냄비에 설탕과 물을 넣고 118℃ 정도가 될 때까지 끓여요.

02 다른 볼에 달걀노른자를 풀고 ①을 졸졸 흘려 부으며 고속으로 휘핑해요.

TIP · 거품이 흰색으로 묵직하게 변하고 머랭 온도가 내려가 식을 때까지 볼륨감 있게 충분히 휘핑해요.

03 물에 갠 커피와 말랑한 버터를 ②에 조금씩 넣으며 매끄럽게 섞어 크림을 만들어요. 짤주머니에 크림을 담아 다쿠아즈에 크림을 짜 넣어요.

TIP · 완성된 다쿠아즈는 냉장고에 넣어 이틀에서 2주까지 숙성시켜 먹으면 더 맛있고, 먹기 전에 잠시 실온에 두었다가 크림이 부드러울 때 먹어야 가장 맛있어요.

실패하지 않는 *Baking Tip*

가루를 섞을 때는 가볍게 섞어야 쫄깃하고 폭신한 식감을 맛볼 수 있습니다.

×

인스턴트 커피는 입자가 굵어 잘 녹지 않아요.
브라질 인스턴트 커피인 '이과수커피'는 입자가 고와 물에 잘 녹아서 추천합니다.
더 진한 커피맛 크림을 원하면 커피 가루의 양을 늘립니다.
물론 맥심과 같은 마트에서 구입하기 쉬운 커피 가루도 잘 녹여 사용해도 좋아요.
약간의 커피 리큐르를 넣으면 맛과 향이 업그레이드됩니다.

×

반죽을 짤 때는 꼭 유산지나 테플론 시트 위에 짭니다.
오븐 팬에 바로 짜면 반죽이 잘 떨어지지 않아요.

×

다쿠아즈 전용 틀이 없을 때는 반죽을 짤주머니에 담고
동그랗게 혹은 길게 원하는 모양으로 짜서 구워요.
반죽을 짜기 전에 분무기에 물을 담아 다쿠아즈 틀에 뿌리면 반죽이 잘 떨어져요.

베리 피낭시에

최고의 한 입, 피낭시에

황금을 닮은 디저트인 달걀흰자로 만든 피낭시에는
촉촉하고 쫀득한 맛이 일품이에요.
버터를 태워 풍미가 가득한 피낭시에는
고급스러운 디저트로 먹고 또 먹고 싶을 거랍니다.

--- 7cm 길이 피낭시에 7개 분량 ---

유기농 박력분 45g	라즈베리 20g	버터 120g
옥수수 전분 5g	블랙베리 20g	달걀흰자 115g
아몬드 가루 55g		설탕 85g
		소금 약간
		바닐라 익스트랙 약간

How to make

버터 태우기

01 피낭시에 틀은 버터를 얇게 칠한 후 냉장고에 넣어 차게 해요.

02 냄비에 버터를 넣고 중불에 올려 연한 갈색이 날 때까지 끓이고 한 김 식혀요.

TIP · 버터를 너무 옅게 태우면 버터 특유의 향이 약하답니다.

03 ②에서 태운 버터는 찌꺼기를 체로 걸러요.

TIP · 냄비 바닥에 가라앉은 찌꺼기가 반죽에 함께 들어가지 않도록 반드시 체에 걸러서 사용해요.

피낭시에 만들기

01 볼에 달걀흰자를 넣고 거품기로 멍울을 풀어요.

TIP · 달걀흰자는 차가운 상태가 좋아요. 멍울이 풀릴 정도로만 저어요.

02 ③에 설탕, 꿀, 소금을 넣어 고루 섞고 바닐라 익스트랙도 넣은 다음 거품기로 가볍게 천천히 섞어요.

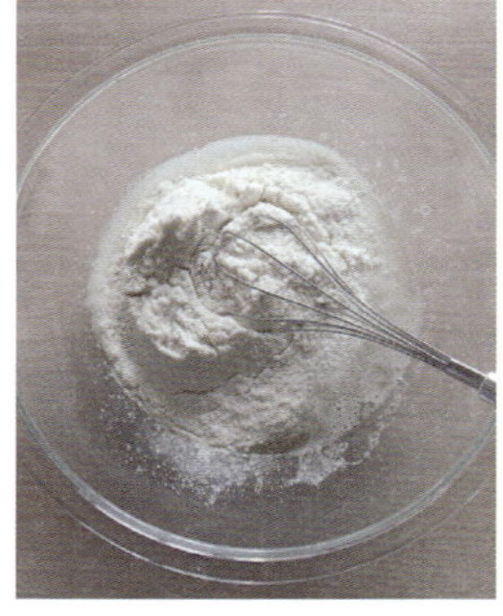

03 ④에 박력분과 옥수수 전분, 아몬드 가루를 체에 두 번 내리고 섞어요.

TIP · 거품기로 아래에서 위로 퍼올리듯 섞어요.

04 ⑤에 ⑥의 체에 내린 버터
를 두세 번에 나눠 넣으며
섞어요.

TIP · 태운 버터는 한 김만 식힌, 따뜻한 상
태가 좋아요.

05 반죽에 랩을 씌우고 냉장고
에서 30분 정도 숙성해요.

TIP · 하룻밤 정도 숙성하기도 하며, 시간
이 없으면 숙성 없이 바로 구워요.

06 반죽 위에 올릴 라즈베리
와 블랙베리를 굵게 다져
서 준비해요.

07 짤주머니에 반죽을 담고
틀에 80% 정도 반죽을 짜
넣어요.

08 반죽 위에 굵게 다진 라즈
베리와 블랙베리를 올린
다음 170℃로 예열한 오븐에서
10~13분 정도 구운 후 틀에서 빼
고 식혀요.

실패하지 않는 *Baking Tip*

버터를 끓이면 까맣게 타면서 침전물이 생겨요.

버터의 풍미가 좋은 피낭시에를 맛보려면 지나치게 타지 않을 정도로 태우는 것이 좋습니다.

미니 추로스

Mini Churros

자극적이지 않은 추로스

추로스는 스페인 전통요리로, 긴 막대 모양이 인상적이에요.
반죽 자체의 단맛이 적어 시나몬 설탕에 묻혀 먹지요.
금방 튀겨 시나몬 설탕을 막 묻힌 따끈한 추로스는 정말 맛있어요.
겉은 바삭하고 속은 부드러워서 남녀노소 모두 인기가 좋답니다.

4cm • 15~18개

추로스

박력분 100g	버터 25g
달걀 75g	설탕 25g
우유 70g	소금 1g
물 80g	

시나몬 설탕

시나몬 가루 2g
설탕 40g

How to make

01 냄비에 우유, 물, 설탕, 소금, 버터를 넣고 끓여요.

TIP · 전체적으로 부글거리고 버터가 녹을 때까지만 끓여요.

02 ①에 체 친 박력분을 넣고 냄비에 하얀 막이 생길 때까지 나무 주걱으로 충분히 볶은 후 한 김 식혀요. 미리 풀어 둔 달걀을 넣으며 잘 어우러지게 섞어 반죽의 농도를 조절해요.

03 짤주머니에 별 깍지를 끼우고 ②의 반죽을 담아요.

04 180℃로 가열한 기름에 반죽을 일정한 크기로 짜서 떨어트리며 튀기고 반죽 끝은 가위로 잘라요.

TIP · 종이 포일 위에 반죽을 짜서 냉동고에 넣고 살짝 굳혀서 튀겨도 좋아요.

05 키친타월에 올려 기름을 살짝 제거해요.

TIP · 바로 ⑥으로 넘어가도 괜찮아요. 이 과정이 반드시 필요한 것은 아니니 기름 제거 없이 바로 설탕에 굴려도 좋아요.

06 추로스가 따뜻할 때 시나몬 가루를 섞은 설탕에 굴려요.

TIP · 지퍼백이나 비닐봉지에 시나몬 설탕을 넣고 앞뒤로 몇 번 흔들어도 쉽게 설탕을 묻힐 수 있어요.
시나몬 가루의 양은 취향껏 조절해요.

밀가루를 볶을 때 바닥에 하얀 막이 생겨서 반죽이 굴러다닐 정도로 볶습니다.

×

냄비에서 볶은 반죽은 한 김 식힌 다음에 바로 달걀을 넣으세요.

×

달걀은 미리 풀어 두었다가 조금씩 넣으며 반죽의 질기를 조절하세요.
달걀과 반죽이 매끈하게 섞인 상태로, 주걱으로 반죽을 떨어트렸을 때 V자 모양으로
자연스럽게 떨어지는 상태에서 마무리합니다.

×

튀긴 추로스가 뜨거울 때 설탕을 묻혀야 고루 잘 묻혀요.

마키베리 마카롱

Maqui Berry Macaroon

사랑스러운 마카롱

젊음의 열매라 불리는 '마키베리'는
칠레 안데스 산맥 피타고니아라는 지역에서 자생하는 진한 보라색 열매입니다.
프랑스 쿠키인 마카롱 사이에 안토시아닌이 풍부한 마키베리로 만든 필링을 더해
보랏빛 마카롱을 완성해 보세요.
마카롱은 언제나 사랑받는 아이템이지요.

3.5cm • 마카롱 38개 정도

마카롱
슈거 파우더 130g
마키베리 파우더 10g
아몬드 가루 130g
달걀흰자 103g
설탕 103g

필링
마키베리 파우더 20g
크림치즈 150g
연유 45g

How to make

01 달걀흰자를 볼에 담고 핸드
믹서로 휘핑하다가 설탕을
반만 넣고 거품을 계속 올려요.

02 거품이 풍성하게 오르면
남은 설탕을 넣고 뾰족한
머랭을 만들어요.

03 ②에 미리 두세 번 체에 내
린 슈거 파우더와 아몬드
가루, 마키베리 파우더를 넣고 주
걱으로 고루 섞어요.

필링 만들어 올리기

04 주걱을 들었을 때 반죽이
끊이지 않고 조금 무겁게
떨어지는 정도까지 주걱으로 매끈
하게 치대어 섞어요.

05 지름 1cm 원형 깍지를 끼
운 짤주머니에 반죽을 채
워 테플론 시트를 깐 팬 위에 지
름 2.5~3cm 크기로 짜요. 반죽
이 묻어나지 않을 때까지 말리고
130℃로 예열한 오븐에서 14분
정도 구워 식힘 망에서 식혀요.

06 볼에 크림치즈, 연유, 마키
베리 파우더를 넣고 고루
섞어 필링을 만들어요. 짤주머니
에 담아 구운 마카롱 한쪽 면에 필
링을 짜 넣고 다른 마카롱으로 덮
어요.

실패없는 마카롱의 비법!

아몬드 가루와 슈거 파우더는 함께 계량한 뒤 믹서나 분쇄기에 살짝 갈고 고루 섞어 사용하세요.
너무 오래 갈지 않고 살짝 가는 것이 포인트입니다.
오래 갈면 아몬드에서 유분이 베어 나와 마카롱 표면이 얼룩덜룩해질 수 있어요.

×

달걀흰자는 노른자와 분리해서 냉장고에 넣어 두었다 사용하세요.
최소 2~3일 정도는 분리해 넣어두었다 사용합니다. 일주일까지도 괜찮아요.

×

머랭을 올릴 때 냉장고에서 꺼낸 차가운 달걀흰자를 사용하세요.
색소를 넣으려면 어느 정도 단단한 머랭으로 거품을 올린 다음 색소를 넣고 거품을 좀 더 올립니다.

×

반죽할 때 묽어질 정도로 너무 치대지 마세요.
너무 묽은 반죽은 반죽을 동그랗게 짰을 때 확 퍼지고, 오븐에 넣었을 때 잘 부풀지 않아요.
표면이 윤기나고 매끈한 마카롱을 만들고 싶으면 반죽을 충분히 섞습니다.
반죽을 너무 덜 섞어도 안 돼요.
머랭이 가라앉지 않고 거품이 살아 있어서 반죽이 흐르는 정도가 부족하면
마카롱을 구웠을 때 표면이 거칠어지고 갈라집니다.
'딱 좋은 반죽의 농도'란 반죽을 떨어뜨렸을 때 반죽이 끊어지지 않아야 해요.
리본을 그리며 떨어지는 상태로 계단처럼 쌓인 후 떨어진 자국이 서서히 퍼지면서
천천히 사라지는 것이 좋은 상태예요.

×

속이 빈 마카롱도 실패입니다.
굽는 시간이나 아몬드 가루의 산패 등 여러 가지 원인이 있지만
가장 큰 원인 중 두 가지는 반죽을 너무 덜 섞었거나 너무 많이 섞어서예요.
반죽을 섞는 횟수가 정해진 것은 아니므로 여러 번의 연습을 통해 적절한 반죽의 상태를 익힙니다.

×

신선한 아몬드 가루를 사용하세요.
아몬드 가루가 신선하지 않을 경우 마카롱 표면에 기름이 배어 얼룩덜룩할 수 있어요.

×

마키베리 파우더를 넣고 반죽한 마카롱을 구우면 색소를 넣고 굽는 마카롱보다 색이 탁해요.
마키베리에는 당 성분이 많지 않지만,
당 성분이 많은 천연 파우더가 마카롱 반죽에 다량 함유되면 구우면서 변색된답니다.
천연 파우더를 넣을 때는 색소를 넣고 구울 때보다 굽는 시간을 살짝 줄이는 것이 좋아요.
오븐의 온도를 조금만 낮춰 구워도 되고요.

푸른 코코넛 칩 비스코티

Prune Coconut Chip Biscotti

오독오독 푸른 코코넛 칩 비스코티

오일 대신 버터의 풍미를 살린 비스코티 레시피예요.
두 번 구워 더욱 바삭한 쿠키랍니다.
푸른과 코코넛 칩, 통 아몬드를 넣어
오독오독 씹히는 맛이 좋아 자꾸자꾸 손이 갑니다.

15개 분량

박력분 145g	코코넛 칩 15g	버터 75g
아몬드 가루 20g	통 아몬드 20	유기농 설탕 85g
베이킹파우더 2g	푸른 45g	달걀 1개

How to make

01 실온에 둔 버터를 부드럽
게 풀어요.

02 설탕을 두세 번에 나누어
넣으며 부드럽게 크림화
해요.

03 따로 풀어둔 달걀을 여러
번 나누어 넣으며 거품기
로 섞어요.

TIP · 달걀을 서너 번에 나누어 넣으면서
충분히 섞어요.

04 ③에 함께 체에 내린 박력
분, 아몬드 가루, 베이킹파
우더를 넣고 주걱을 이용해 칼로
자르듯 섞어요.

05 날가루가 보이지 않게 어
느 정도 섞이면 코코넛 칩
과 잘게 자른 푸룬을 넣고 섞으며
반죽을 한 덩어리로 뭉쳐요.

06 반죽을 길고 납작한 모양
으로 만들어 테플론 시트
를 깐 오븐 팬 위에 두고 170℃로
예열한 오븐에서 20~25분 정도
구워요.

TIP · 반죽이 너무 부서지면 분무기로 물을
뿌려 어느 정도 방지할 수 있어요.

07 구워진 반죽을 꺼내 식힘 망에서 한 김 식혀요.

08 빵칼을 이용하여 1cm 두 께로 썰어요.

09 썰어둔 쿠키는 오븐 팬 에 단면이 닿도록 올리고 150℃로 예열된 오븐에서 10~15 분 정도 구운 다음 꺼내 완전히 식 혀요.

비스코티를 자를 때는 손으로 반죽의 양 끝을 잡고 칼로 조심스럽게 썰어야
부서지는 것을 방지할 수 있어요.

×

오븐에 두 번 굽는 쿠키이므로 타지 않도록 주의하세요.

홈메이드 그래놀라 바

Homemade Granola Bar

간편하면서도 포만감이 느껴지는 그래놀라바

좋아하는 견과류나 건조 과일 등을 넣어 홈메이드 그래놀라 바를 만들어요.
씹는 맛이 좋고 영양도 풍부하여 아이들에게 인기 만점이에요.
통곡물을 혼합한 그래놀라바는 한 개만 먹어도 든든하답니다.

가로, 세로 16.5cm 정사각형 • 8개 분량

그래놀라

해바라기 씨 35g 아몬드 슬라이스 40g
건블루베리 35g 오트밀 90g
건포도 10g 구운 율무 20g
아마시드 10g 구운 현미 30g

그래놀라 바

녹인 초콜릿 25g
버터 55g
비정제 원당 25g
소금 약간
꿀 35g

How to make

01 사각 틀에 종이 포일을 깔
아요.

02 볼에 오트밀, 해바라기 씨,
건블루베리, 건포도, 아마
시드, 아몬드 슬라이스를 넣고 주
걱으로 고루 섞어요.

03 다른 볼에 버터를 담고 전자
레인지를 이용하거나 중탕
해서 녹여요. 따뜻한 기운이 있을 때
설탕, 꿀, 소금을 넣고 고루 섞어요.

04 다른 볼에 초콜릿을 녹여
준비해요.

TIP · 초콜릿은 전자레인지로 녹여요.

05 ④의 녹인 초콜릿에 오트
밀을 포함한 모든 재료를
넣어요.

06 주걱으로 골고루 섞어요.

07 사각 틀에 고르게 담고 빈 틈 없이 주걱으로 꾹꾹 눌러요.

08 160℃로 예열한 오븐에서 20분 정도 구워요.

TIP · 실온에서 1시간 정도 식힌 후 적당한 크기로 잘라요.

그래놀라 바를 반듯하게 잘 만드는 비결은 바로 잘 식히는 것이랍니다.
오븐에서 바로 나온 그래놀라 바는 흐물흐물해요.
거의 식었을 때쯤 자르면 반듯반듯 예쁘게 자를 수 있어요.

베이커리 빵처럼 맛있게 만드는 비결 3가지

비결 1 빵 반죽하는 법

① 손으로 반죽하기

볼에 체에 내린 밀가루와 소금, 설탕, 인스턴트 드라이 이스트를 담고 가루를 섞어요. 가루 가운데에 구멍을 만들어 물을 넣고 고루 섞어 한 덩어리로 뭉칩니다. 이때 습도와 온도에 따라 반죽의 질기가 달라지기 때문에 레시피의 액체를 한 번에 모두 넣지 말고, 조금 남긴 채 반죽의 질기를 보면서 넣어요.

뭉친 반죽을 작업대로 옮긴 다음 부드러운 버터를 넣고 치대요. 반죽을 손목과 손바닥으로 힘껏 누르며 밀고, 짓이기고 접으면서 치댑니다. 처음에는 반죽이 손에 들러붙고 질은 듯 하지만 점차 매끈해지고 탄력이 생겨요. 스크래퍼로 반죽을 모으고 손에 묻은 반죽도 긁어내며 반죽합니다. 반죽을 가끔 바닥에 탕 내리치면서 반죽하면 글루텐이 잘 형성됩니다.

부드럽고 끈기 있는 상태로 완성하려면 손반죽은 보통 10~20분 정도 걸려요. 손으로 반죽의 일부를 늘여 손바닥이 비칠 정도로 얇은 막이 생기면 완성입니다.

② 푸드 프로세서로 반죽하기

푸드 프로세서에 가루류를 먼저 넣고 휘리릭 섞은 다음 액체를 모두 넣고 섞어요. 마지막으로 말랑한 버터를 넣고 5~7분 정도 기계에 무리가 가지 않게 짧게 작동합니다.

③ 제빵기로 반죽하기

제빵기에 모든 재료를 넣고 반죽 코스 버튼을 누릅니다. 제빵기는 가격이 부담스럽지 않으면서 1차 발효까지 마칠 수 있어요.

비결 2 빵 발효하는 법

반죽이 완성되면 둥글게 만들고 마르지 않도록 면포나 랩, 비닐 등을 씌워 따뜻한 곳에서 발효해요. 반죽이 처음보다 2배 정도 부풀면 됩니다.
가정에서 발효하는 방법은 여러 가지가 있어요. 여름에는 그냥 실온에만 두어도 되고 따뜻한 베란다나 창가에 두어도 발효가 잘 돼요.

발효 기능이 있는 오븐에서 발효할 수도 있습니다. 따끈한 물이 든 컵과 반죽을 전자레인지나 오븐에 넣어도 발효돼요.

스티로폼 상자에 반죽을 넣고 따끈한 물이 든 컵을 함께 넣어도 발효가 잘 된답니다.

비결 3 빵 발효 확인하는 법

온도에 따라 발효 시간과 상태가 달라지기 때문에 발효가 다 되었는지는 시간만으로는 정확하게 확인할 수 없습니다.

집게 손가락에 밀가루를 묻혀 반죽의 중심을 깊이 찔렀을 때 자국이 바로 올라오며 구멍이 점점 작아지면 발효가 될 된 것이고, 그대로 있으면 발효가 적당히 된 거예요. 반면 구멍이 점점 커지면 지나치게 발효된 것입니다. 반죽이 과발효되면 신맛이 나요.

발효 후에는 반죽을 지그시 눌러 가스를 빼고 표면이 매끄러워지도록 둥글게 만들어요.

* 오븐에서 갓 나온 따뜻한 빵을 먹어도 좋고요. 빵에 따라 오븐에 구운 뒤 식힘 망에서 한 김 식힌 후 먹으면 좋아요. 틀에 넣어 구운 경우에는 틀에서 분리해 식힘 망에서 식혀요.

시나몬 롤

Cinnamon Roll

시나몬 향이 솔솔~ 시나몬 롤

폭신한 빵 결에 자꾸만 손이 가는 시나몬 롤 레시피예요.
달콤한 아이싱과 은은한 시나몬 향이 좋은 빵입니다.
녹아서 찐득한 설탕의 어울림에 모두가 반하게 될 거예요.

3cm · 12개 분량

시나몬 롤

강력분 300g
소금 2g
설탕 30g
인스턴트 드라0 이스트 5g

우유 180g
버터 25g

필링

흑설탕 70g
호두 45g
시나몬파우더 2g

아이싱

슈거 파우더 60g
우유 10~12g

01 흑설탕, 시나몬 파우더, 호두를 섞어 필링을 만들어요.

02 다른 볼에 강력분을 담고 설탕, 소금, 인스턴트 드라이 이스트를 서로 닿지 않게 떨어뜨려 넣어요.

03 밀가루로 윗부분을 각각 코팅하듯 덮고 가운데에 우유, 물을 넣어 섞은 다음 반죽을 하나로 뭉쳐요.

04 반죽이 한 덩어리가 되면 볼에서 꺼내 치대다가 반죽 사이에 버터를 넣고 매끄럽게 반죽해요.

05 반죽을 둥글게 만들어 볼에 담은 다음 랩을 씌워 반죽 크기가 2배로 될 때까지 1차 발효해요.

06 발효가 끝난 반죽을 꺼내 손으로 지그시 눌러가며 가스를 빼요.

07 반죽의 수분이 날아가지 않게 랩이나 젖은 면포를 덮어 10분간 휴지시켜요.

08 밀대로 반죽을 38cm 정도로 길게 밀어 펴요.

09 반죽 위에 실온에 둔 부드러운 버터(분량 외)를 바르고 ①의 필링을 고루 얹어요.

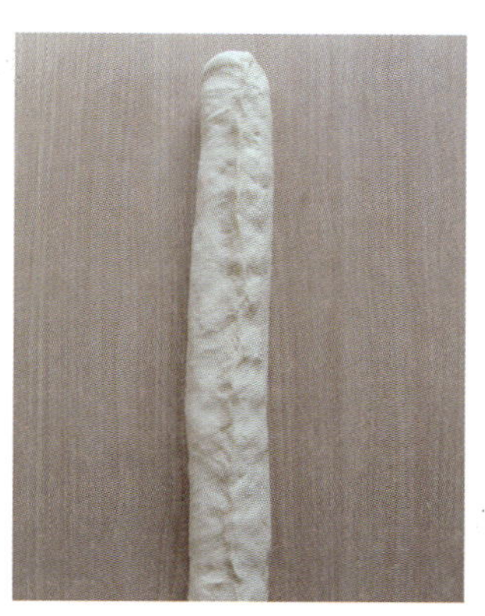

10 반죽을 돌돌 말아 끝의 맞물리는 부분을 터지지 않게 꼬집어 붙여요.

11 칼로 반죽을 3cm 정도로 잘라요.

12 유산지를 깐 오븐 팬에 반죽을 올리고 랩을 덮어 따뜻한 곳에서 30~40분 정도 2차 발효해요. 180℃로 예열한 오븐에서 10분 정도 굽고 한 김 식힌 후 슈거 파우더에 우유를 섞어서 아이싱을 만들어 뿌려요.

블루베리 오트밀 머핀

Bueberry Oatmeal Muffin

건강하고 고소한 머핀

타임지가 세계 10대 장수 식품으로 선정한 블루베리!
머핀에 블루베리와 오트밀을 넣어 조금 더 건강하게 즐길 수 있어요.
크리스피 오트밀을 넣어 더욱 고소해요.
머핀 위에 예쁘게 올려진 고소한 크럼블이 있어 더 매력적이랍니다.

일반 머핀 컵 6개 분량 • 170℃ 20~25분

오트밀 머핀

베이킹파우더 4g
블루베리 95g
박력분 120g
아몬드 파우더 25g
크리스피 오트밀 35g

버터 75g
설탕 65g
꿀 10g
소금 약간
달걀 1개+달걀노른자 1개
우유 60g

크럼블

박력분 40g
버터 20g
땅콩버터 10g
설탕 20g
소금 약간

How to make

크럼블 만들기

오트밀 머핀 만들기

01 볼에 크럼블 재료를 모두 넣고 손으로 비벼 으깨며 가볍게 보슬보슬한 상태로 고루 섞어요.

02 다른 볼에 말랑한 버터를 풀고 소금, 설탕, 꿀을 넣은 후 핸드 믹서로 부드럽게 섞어요.

TIP · 버터 색이 뽀얗게 될 때까지 섞어요.

03 ②에 미리 풀어둔 달걀+ 달걀노른자를 조금씩 여러 번 나눠 넣으며 매끄럽게 섞어요.

TIP · 달걀은 차가운 상태로 한꺼번에 반죽에 섞으면 순두부처럼 몽글몽글 분리될 수 있으므로 실온에 미리 꺼내어 찬기가 사라진 상태로 사용해요.

04 ③에 체에 내린 박력분과 베이킹파우더를 넣고 주걱으로 섞다가 블루베리를 넣은 후 반죽을 고루 섞어요.

TIP · 반죽을 마구 섞으면 덜 부드럽고 뭉칠 수 있어요. 블루베리의 반은 으깨서 넣어도 좋아요. 블루베리를 볼에 넣고 강력분을 살짝 묻혀 코팅하면 블루베리가 바닥에 가라앉는 것을 막을 수 있어요.

05 가루가 거의 섞였을 때 우유를 두 번에 나눠 넣으며 날가루가 보이지 않을 때까지 섞어요.

06 머핀 팬에 유산지를 깔고 반죽을 나눠 담은 후 오트밀을 뿌려요. ①의 크럼블을 양껏 올리고 180℃로 예열한 오븐에서 20~25분 정도 구워요.

TIP · 머핀 가운데를 꼬치로 찔러 묻어나는 게 없으면 다 익은 거예요.

크럼블을 너무 곱게 만들면 바삭함이 덜하니 조금 굵게 뭉쳐도 좋아요.

×

머핀 반죽을 만들 때 버터와 달걀을 실온에 미리 꺼내 찬기가 없는 상태로 넣어요.

×

달걀을 넣고 충분히 휘핑하면 포슬포슬한 식감이 살아나요.

×

우유는 여러 번에 나누어 넣으면 반죽과의 분리를 막을 수 있어요.

카카오닙스 통밀 도넛

Cacaonibs Whole-Wheat Donuts

오븐에 구워 담백한 도넛

쌉싸름한 카카오닙스와 코코넛 가루에
통밀로 고소함을 더해 오븐에 구워 만드는 담백한 레시피랍니다.
기름에 튀기지 않아 더욱 맛있어요.

사바랭 틀 20개 분량 · 170°C 15분

통밀가루 135g	버터 30g	달걀 1개
아몬드 가루 10g	크림치즈 20g	우유 100g
코코넛 가루 20g	설탕 45g	카카오닙스,
베이킹파우더 2g	꿀 10g	초콜릿 칩 약간

How to make

01 볼에 말랑한 버터와 크림
치즈를 넣어 부드럽게 푼
다음 설탕과 꿀을 넣고 잘 섞어요.

02 달걀을 풀고 조금씩 나눠
넣으며 고루 섞어요.

TIP · 달걀이 들어가면서 반죽이 분리되지
않도록 꼭 여러 번 나누어 넣어요.

03 함께 체에 두 번 내린 통밀
가루, 아몬드 가루, 베이킹
파우더를 넣고 코코넛 가루도 넣
어 주걱으로 섞어요.

04 우유를 두 번에 나눠 넣고
반죽을 매끈하게 섞어요.

05 사바랭 틀에 카카오닙스와
초콜릿 칩을 뿌려요.

06 짤주머니에 반죽을 담아 틀
안에 채우고 170℃로 예열
한 오븐에서 15분 정도 구워요.

TIP · 윗면이 살짝 부풀어 오르니 틀의
80% 정도만 채워요.

오븐에 구워 포슬포슬 부드럽고 맛있는 도넛이에요.
아주 소량의 버터가 들어가서 더 마음에 드는 레시피인데요,
크림치즈를 넣어 촉촉함을 더했습니다.
크림치즈가 없다면 크림치즈 분량 만큼의 버터로 대체해도 괜찮아요.

×

레시피에서 유분에 비해 달걀 1개의 수분이 꽤 많은 편이니
달걀을 넣는 과정에서 조금씩 넣으며 섞어요.

×

우유까지 다 넣고 반죽이 완성되면 반죽이 겉돌지 않도록 10회 정도 섞습니다.
마구 치대는 것이 아니고 주걱으로 반죽을 퍼올리듯 매끈하게 섞어요.

×

카카오닙스와 초콜릿 칩이 오도독 씹히는 식감이 좋은 도넛 레시피랍니다.
블루베리나 크랜베리 등을 넣어도 맛있으니 원하는 재료로 다양하게 응용해 보세요.

ARABICA BEANS
SMUCKER'S
MENZ&
GASSER

우유 비스킷

Milk Biscuit

담백하고 고소한 비스킷

간이 딱 맞는, 맛있는 비스킷은 담백하고 고소해요.
직접 만든 잼이나 버터와 함께 즐기면
풍미를 더할 수 있답니다.

6개 분량

박력분 200g
유기농 설탕 35g
베이킹파우더 3g
소금 2g
버터 75g

우유 110g
바닐라 익스트랙 약간

How to make

01 박력분과 믹서에 곱게 간 유기농 설탕, 베이킹파우더를 함께 체에 내려요.

TIP · 가루는 냉장고에 차게 보관했다가 만들어요.

02 볼에 박력분, 설탕, 베이킹파우더, 소금, 버터를 넣고 스크래퍼로 반죽을 짧게 자르듯이 섞어요.

03 버터가 작게 잘리고 반죽이 살짝 뭉치기 시작하면 양손 끝으로 비벼 보슬보슬한 소보로 상태를 만들어요.

04 ③에 우유를 넣고 바닐라 익스트랙을 넣은 다음 주걱을 세워 가르듯이 고루 섞어요.

TIP · 차가운 우유를 넣어요.

05 ④의 반죽을 손으로 치대 한 덩어리로 뭉쳐서 비닐에 넣고 냉장고에 1시간 정도 넣어 둬요.

06 오븐 팬에 테플론 시트를 깔고 반죽을 적당한 크기로 나눠 올린 후 반죽 표면에 우유를 살짝 발라요. 180℃로 예열한 오븐에서 25분 정도 구워요.

TIP · 반죽을 올릴 때 아이스크림 스쿱으로 떠서 올리면 귀여운 모양이 나와요.

— 실패하지 않는 *Baking Tip* —

바닐라 익스트랙 대신 바닐라 빈을 넣으면 우유 비스킷의 풍미가 더욱 좋아요.

×

오븐 팬에 반죽을 올릴 때는 아이스크림 스쿱을 이용해 보세요.
손대지 않아도 깔끔하고 예쁜 모양을 만들 수 있어요.

콘 브레드

Corn Bread

담백한 고소함이 좋은 추억의 옥수수빵

요즘에는 옥수수빵을 파는 곳을 쉽게 찾아볼 수 없어요.
특별한 것 없이 입안을 감싸는 담백한 옥수수 향이 좋아 자꾸 손이 가지요.
화려함 없이 거친 듯 소박한 콘 브레드는 인기 아이템입니다.

6개 분량

박력분 70g	녹인 버터 40g	캔 옥수수 50g(생략 가능)
강력분 50g	유기농 설탕 30g	달걀노른자 1개
옥수수 가루 95g	우유 70g	우유 1ts
소금 약간	달걀 1개	
베이킹파우더 2ts		

How to make

01 박력분, 강력분, 옥수수 가루, 베이킹파우더, 소금을 함께 체에 내려요.

02 볼에 녹인 버터, 달걀, 설탕, 우유를 넣고 고루 섞어요.

03 ②에 ①을 넣어 날가루가 보이지 않을 때까지 고루 섞어요.

04 ③의 반죽에 캔 옥수수를 넣고 손으로 여러 번 치대서 한 덩어리로 뭉쳐요.

05 ④의 반죽을 6덩이로 나눠 테플론 시트를 깐 오븐 팬에 올리고 미리 풀어 둔 달걀노른자를 붓으로 고루 발라요.

TIP · 달걀물을 바르면 빵의 윗면 색이 먹음직스러워져요.

06 각각의 반죽 가운데에 깊게 칼집을 내고 180℃로 예열한 오븐에서 20~25분 정도 구워요.

GMO 옥수수가 걱정된다면 '한살림 옥수수 병조림'을 사용해요.

✕

옥수수 통조림이 아닌 직접 삶은 옥수수 알맹이를 넣어도 좋아요.

✕

콘 브레드에 잼을 곁들여 먹으면 더욱 맛있답니다.

부시맨 브레드

Bushmen Bread

부시맨 브레드는 길쭉한 모양과 색으로 독특한 빵이에요.
어렵지 않게 반죽하고 돌돌 말아 구워서
허니 버터와 함께 고소하고 달콤하게 즐겨 보세요.

6개 분량 · 180℃ 12~15분

강력분 210g	설탕 25g	생크림 55g
통밀가루 50g	소금 1ts	우유 160g
호밀가루 40g	꿀 45g	버터 25g
코코아 가루 10g	인스턴트 드라이 이스트 5g	분량 외 빵에 뿌릴
분유 10g	인스턴트 커피 2ts	옥수수 가루 약간

How to make

01 볼에 모든 가루 재료와 소금, 설탕, 인스턴트 드라이 이스트, 꿀, 인스턴트 커피를 넣어요.

TIP · 통밀가루나 호밀 가루 대신 동량의 강력분으로 대체해도 좋아요. 커피 가루는 미리 따뜻한 물 1ts에 녹여요.

02 미지근한 우유와 생크림을 반죽 가운데에 넣고 섞은 뒤 반죽을 한 덩어리로 뭉쳐요.

03 반죽을 작업대로 옮겨 납작하게 만들어 반죽 위에 버터를 올려 섞은 뒤 밀어 치대고 내리치며 10분 이상 손반죽해요.

04 반죽이 둥글게 한 덩어리로 매끄러운 상태가 되면 볼에 담아 랩을 씌우고 1차 발효해요.

05 반죽이 처음보다 2배 정도 부풀면 1차 발효가 완료된 거예요.

06 발효 후 반죽을 손으로 지그시 눌러가며 가스를 빼요.

07 ⑥의 반죽을 6덩이로 나눈 다음 둥글게 만들고 비닐을 씌워 실온에서 10분간 휴지시켜요.

08 휴지가 끝난 반죽은 각각 다시 한 번 둥글게 만든 후 밀어 펴고 아래를 한 번 접어요.

09 위를 겹쳐 접어요.

허니 버터 만들기

10 마무리는 꼬집듯 붙여 기둥 모양을 만들어요.

11 오븐 팬 위에 종이 포일을 깐 후 반죽을 올리고 옥수수 가루를 뿌린 다음 2차 발효해요. 180℃로 예열한 오븐에서 12~15분 정도 구워요.

TIP · 작고 딱딱한 입자의 '콘그리츠'를 묻혀도 좋아요. 빵 반죽에 물을 바르거나 물에 적신 면포에 반죽 윗면을 한번 굴린 다음 콘그리츠를 묻히세요.

말랑한 버터에 꿀, 연유를 기호에 맞게 첨가하고 소금을 약간 넣어 달달한 허니 버터를 만들어 부시맨 브레드와 함께 즐기세요.

Part 2
작은 디저트 가게 '시작'하기

창업이라고 하면 거창하게 들리시죠?

그럼, 나만의 작은 가게는 어떨까요?

중요한 건 내가 좋아하고 잘할 수 있는 일을 찾아 노력하고 실력을 쌓아

나만의 작은 가게, 내가 오래도록 즐길 수 있는 일을 하는 것입니다.

이제, 내 꿈을 이룰 시간입니다.

집밥이 좋은 이유

어릴 적 제 도시락의 단골 반찬이었던 콩나물무침. 떠올리는 것만으로도 갓 무친 나물의 맛과 알싸한 마늘 향이 코끝에 느껴지는 듯합니다. 그때는 왜 맨날 이런 반찬뿐이냐며 철없이 툴툴댔지만, 이제는 콩나물무침 하나에도 적잖은 정성이 깃든다는 것을 잘 아는 나이가 되었죠.

달큼한 호박고지를 넣은 설기며, 쑥 한 줌 뜯어 쌀가루에 휘휘 섞어 만들어주시던 쑥떡을 모락모락 김이 오르는 찜기에서 꺼내 호호 불며 먹던 그 시절, 엄마는 최소한의 재료로도 뭐든지 뚝딱, 참 잘도 만드셨어요.

그런 엄마의 어깨너머로 음식에 흥미를 느끼고 재미를 붙이는 것은 자연스러운 일이었죠. 지금도 잊히지 않는 음식과 요리에 대한 짙은 향수는 온전히 '집'과 '엄마'에서 시작된 것입니다. 이상하게도 엄마의 음식은 맛있는 것을 넘어선 신비한 힘 같은 게 있었어요.

그 '신비한 힘'은 돌이켜 생각해보니 음식에 대한 자세와 정성에서 비롯한 것이었습니다. 김치찌개 하나도 그간 수없이 만드신 덕에 가족의 입맛에 맞게 만들어졌으니 하루아침에 완성된 것은 아니지요.

저는 유난스러울 만큼 집에서 해 먹는 음식을 좋아합니다. 밖에서 먹는 잘 차려진 한 상보다 구수한 된장찌개 하나만 놓고서라도 푹푹 퍼먹는 집밥이 좋아요. 자연스럽게 간식도 직접 만들어 먹는 수고로움을 택하고 있습니다.

외식은 자극적인 맛으로 입맛을 돋우는 듯하고 몸은 편하지만 어떤 조미료를 넣었는지 알 수 없으며 좀 더 자극적인 맛을 찾게 되어 건강에 대한 염려가 생기기도 합니다. 알지도 못하는 수십 가지 첨가물로부터 보호할 수 있는 대안은 오로지 수제뿐입니다. 깐깐하게 굴면 사실 먹을 수 있는 것은 하나도 없을지도 모르겠습니다. 그래도 최선을 다해 첨가물을 최소화하는 노력을 해야겠지요. 아이가 생기고부터는 먹거리에 대한 고민과 생각을 더 깊이 있게 하게 되었습니다. 그러면서 자연스럽게 건강한 재료로 집에서 직접 만들게 되었습니다.

내 인생을 바꾼 스무 살의 쿠키

스무 살, 첫 아르바이트비로 구입한 7만 원짜리 작은 오븐은 제 인생을 바꿔놓았습니다. 작은 오븐으로 처음 쿠키를 구운 그 날을 잊지 못합니다. 누군가 집에서 만들었다며 인터넷 사이트에 수줍게 올린 예쁜 쿠키를 본 순간, 나도 직접 만들어야겠다는 생각에 사로잡혔어요.

첫 번째 레시피는 밀가루, 버터 조금, 하얀 설탕 딱 세 가지만 넣은 쿠키였습니다. 대충 쿠키 모양은 나온 것 같긴 한데 도통 얼마나 구워야 하는지, 오븐에서 언제 꺼내야 하는지 몰라 한쪽은 까맣게 타고 모양도 어설펐답니다. '맛은 보나 마나겠구나' 하고 버리려다가 아깝다는 생각에 소심하게 쿠키 부스러기를 입에 넣었습니다. 그런데 거짓말처럼 채 식지도 않은 쿠키의 바삭바삭한 식감과 고소한 맛이 상상 그 이상이었습니다.

갓 구운 쿠키는 따스한 온기로 먼저 다가왔고 바삭함을 선사했다가 마지막엔 부드러움까지 안겨줬습니다. 처음 느껴보는 그 감정은 무엇이었을까요. 그건 분명 김치볶음밥을 만들거나 라면을 끓일 때와는 차원이 다른 감정이었습니다. 단순히 맛이 주는 기쁨이 아닌 이제껏 느껴보지 못했던 새로운 경험이었어요. 쿠키 부스러기가 입안에 스며들며 사르르 녹았습니다.

'이거다!', 이것이 바로 제 삶을 이끌어온 열정이 시작된 순간이었어요.

내가 베이킹을 하는 이유

미묘한 계량의 차이, 온도, 습도에 따라 결과물이 달라지는 베이킹의 세계는 마치 한 번도 보지 못한 미지의 세계처럼 신비로웠습니다.

베이킹은 하루에도 열두 가지의 감정을 안겨 줍니다. 롤 케이크 위에 새하얀 생크림을 펴 바를 때의 설렘, 오븐 안에서 슈가 부풀어 오를 때의 희열, 오븐에서 갓 나온 따끈따끈한 빵의 푸근함, 발효종을 키우며 늘어나던 인내심도 모두 베이킹이 주는 선물입니다.

딱 1분 차이로 오븐에서 타는 쿠키를 볼 때, 꼬박 30분의 기다림 이후 오븐 안으로 들어가야 하는 마카롱을 볼 때, 숙성시켜야 더욱 맛있어지는 마들렌을 구울 때는 시간의 소중함을 느낄 때가 많습니다.

머릿속이 복잡할 때는 이내 오븐을 켭니다. 잡생각이 가득할 때는 뽀얀 밀가루를 보면서 마음을 가라앉히곤 합니다. 오븐에 들어가기 전엔 볼품없이 납작했던 케이크 반죽이 곧 풍성하게 부풀어 오르는 모습을 지켜보는 시간은 힐링 그 자체입니다. 가끔은 시답잖은 일에 지치다가도 잘 구워진 카스텔라 하나에 금세 기분이 좋아지기도 합니다. 무엇보다 갓 구운 따끈한 빵을 바로 먹을 수 있다는 것은 그 무엇과도 바꿀 수 없는 감동이지요.

이거였어요. 제가 지금까지 베이킹을 하는 이유, 베이킹하는 할머니로 늙어가고 싶은 이유는 베이킹하며 느끼는 수많은 감정에 중독되었기 때문입니다.

오로지 베이킹해 본 사람만이 느낄 수 있는 이러한 감정들은 실로 놀라워요. 때때로 삶이 베이킹 같다면 단 한순간도 지루하지 않겠다는 생각이 들 때도 있습니다.

매끈매끈한 빵 반죽을 만질 때 비로소 말랑말랑해지는 마음, 밀가루 한 줌이 살아 숨 쉬는 반죽이 되어 부풀고 발효되는 과정을 내내 지켜보는 아이 같은 마음이야말로 베이킹이 주는 또다른 선물입니다. 오래오래 때 묻지 않은 아이 같은 마음을 자꾸만 느끼고 싶어서 아침, 저녁마다 오븐을 켭니다.

"엄마, 언제 다 돼요?" 굽는 시간을 못 참아 오븐 앞에서 동동거리며 벌써 같은 말을 몇 번이고 물어보는 아이와 "음, 냄새 좋다."라며 서성거리는 남편을 짐짓 모른 체하며 "좀 진득하니 기다려요."라고 한소리 하지만 사실 가장 기다리고 있는 건 저랍니다.

어느덧 4살 아이의 엄마가 되었습니다. 이제는 저희 엄마가 그러셨듯 저도 아이와 함께 음식이 만들어지는 과정을 함께 하곤 합니다. 아이는 고사리 같은 손으로 빵이며 쿠키를 집어 들고 세상을 다 가진 듯 행복해합니다. "엄마가 해준 게 세상에서 제일 맛있다!"라고 말하는 아이의 천진한 모습에 엄마 미소를 지을 수 있다는 것은 엄마만이 느낄 수 있는 큰 기쁨입니다.

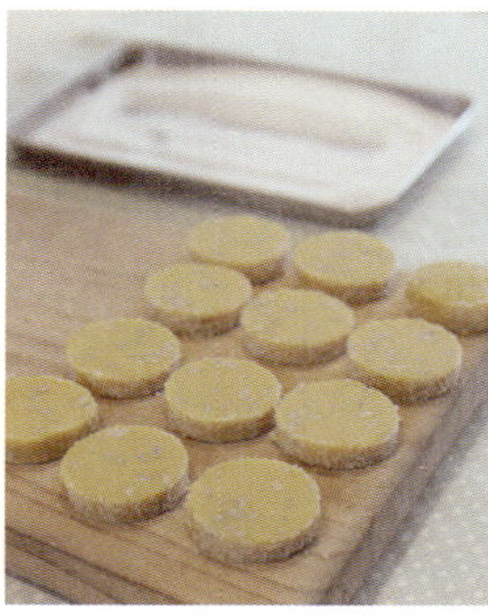

'주문이 밀려오는'
온라인 수제 쿠키 쇼핑몰을 운영하다

대학을 졸업하고 전공과 무관한 회사생활을 잠시 하면서도 오븐은 계속해서 돌아갔습니다. 몇 판이고 까맣게 태우고, 오븐의 뜨거운 열기에 손도 여러 번 데었죠. 가까스로 볼만한 쿠키가 완성되면 예쁜 것을 골라 정성껏 포장해 선물하기 시작했어요.

퇴근 후, 주말마다 매일 쿠키며 케이크를 굽는 날들이 계속되었습니다. 문득, 이걸 가족과 나누어 먹고 지인들에게만 선물할 게 아니라 팔아보면 어떨까 하는 생각이 들었어요.

당시 수제 쿠키를 키워드로 한 온라인 쇼핑몰은 손에 꼽을 정도였습니다. 따라서 수요가 한정적인 오프라인 시장보다는 온라인 시장을 공략할 계획을 세웠지요. 그 틈새시장에서 단순하지만 명확한 콘셉트를 계획했습니다. '수제'와 '디저트'라는 명확한 키워드로 브랜드를 만들기 시작했습니다. 손으로 만들었지만 투박함보다는 감성적이고 고급스러운 이미지를 함께 주고 싶었어요. 오히려 수제이기 때문에 줄 수 있는 장점들을 살려 적은 양이라도 정성을 더 해서요. 좋은 재료와 맛, 그리고 단 한 사람을 위한 포장이었습니다. 계획대로 재료 대부분을 유기농으로 선별했습니다. 지금이야 유기농 밀가루도 구하기 쉬워졌지만, 그땐 유기농 재료를 쉽게 찾아보진 못했어요. 수소문해 찾은 귀한 재료에 맛을 더하기 위해 밤과 낮이 언제 바뀌는지 모를 정도로 열심이었습니다.

고객들에게 포장에 대한 요청이 없어도 무조건 포장해드렸습니다. 한 상자 한 상자 포장지로 정성껏 감싸 리본을 묶고 끝을 정리하여 보냈습니다. 3년 동안 겨우 쪽잠을 자면서 그렇게 일에 빠져 살았었죠. 쉴 새 없이 주문이 들어왔습니다.

수제의 장점을 최대한 부각시킨 좋은 재료를 사용하고, 그날그날 직접 쿠키를 만들어 맛도 좋았답니다. 여기에 정성 어린 포장도 한몫 했으니 받아보신 분들에게는 감동이 더해졌겠지요.

잊지 못할 에피소드도 있습니다. 특별한 행사를 위해 한 업체에서 쿠키 500개를 주문한 적이 있는데 밤새 구운 쿠키가 부서질까봐 다마스 퀵서비스로 보내면서 결국 배보다 배꼽이 더 큰 적도 있었답니다.

어느 날은 택배사 실수로 온종일 구운 파이가 중간에 완전히 다른 지역으로 배송된 적도 있었습니다. 당일 행사에 못쓰게 될 뻔하여 고민의 여지없이 중간에 바로 퀵서비스로 보내 드렸어요. 쿠키를 주문받은 비용보다 두 배 정도 더 들었지만 아깝다는 생각은 들지 않았습니다.

온라인 수제 쿠키 쇼핑몰을 운영하면서 재료비와 운영 비용 상승으로 가격을 몇백 원 올려야 하는 시점이 왔었어요. 그때 진심으로 죄송한 마음에 홈페이지에 글을 올리기 위해 쓰고 또 쓰고, 며칠간 밤새 썼다 지우기를 반복하여 간신히 글을 완성한 적도 있습니다.

주문하신 모든 고객분들에게 쓴 편지는 대충 몇 자를 타이핑한 똑같은 편지가 아니었습니다. 한 사람 한 사람에게 A4 용지 크기의 편지지 한 장을 꽉 채우는 장문의 손편지였어요. 손편지를 하도 많이 쓰다 보니 우편으로 답장을 보내주시는 고객들이 늘면서 서로 집안 사정까지 꿰찰 정도로 가까워진 단골도 있습니다.

아무리 졸립고 힘들어도 편지지 디자인을 계속 바꿔가면서 한 자 한 자 꾹 꾹 눌러가며 손편지를 썼어요. 주문해 주신 것이 정말 감사했고, 다시 주문해 주신 것은 더더욱 감사했습니다. 감동한 고객분들이 보내주신 손편지와 작은 선물은 십수 년이 지난 지금도 고이 보관하고 있습니다.

그때 진심이 얼마나 많은 사람들의 가슴을 울리는지 깨달았습니다. 지금도 저는 가장 단순한 마음이 가장 좋은 결과를 준다고 믿어요. 일부러 마케팅이니, 홍보니 하는 단어를 쓰지 않아도 진심 어린 손편지와 수제 쿠키를 통해 저절로 입소문이 났고 한 번 구입한 분들은 대부분 재주문하셨습니다.

그러던 중 뜻하지 않게 슬슬 몸이 아팠습니다. 그때는 쿠키와 빵을 굽고 단순하게 팔 줄만 알았지 경영 방식이나 운영 시스템을 전혀 몰랐던 거지요. 일이 늘어나면서 인력을 충원해야 했음에도 미련스러울 만큼 하나부터 열까지 총총거리며 혼자 감당하고자 했습니다. 일이 점점 늘어날수록 누군가와 나눠야 한다는 생각은 커졌지만, 경영의 지혜가 부족했습니다. 막상 누군가에게 일임하자니 '내가 하는 이 일을 누가 똑같이 할 수 있을까?' 하는 생각만 커졌습니다.

주문이 밀리면서 그에 맞는 설비와 장비를 갖춰야 했는데 온종일 작은 오븐을 혹사하며 버텼습니다. 이래저래 혼자 모든 걸 감당하려다 보니 계속해서 아프지 않은 곳이 없었습니다. 하루하루 버티다 시스템과 체력의 한계에 부딪혔습니다. 갈수록 쏟아지는 주문을 더이상 감당하기 어려울 때쯤 건강에 이상이 생겨서 결과적으로 몸만 축나는 꼴이 되고 말았던 것이었지요.

결국, 모든 것을 내려놓았습니다.

'그래, 조금 쉬자. 지금 나에게 필요한 것은 건강과 시간이야.
쉬고 난 후에 언제든지 내가 좋아하는 것으로 다시 시작할 수 있어.
하지만 그땐 반드시 공부하고 시작하자.'

오랜 시간이 지났지만 아직도 휴대폰에 저장된 고객의 이름을 한 자 한 자 들여다보기도 합니다. 그리움도 있지만, 초심을 잊지 않기 위해서입니다.

돌이켜보면 당시 3년 동안 제가 정말 좋아하는 것은 무엇이며, 좋아하는 것과 잘하는 것은 다르다는 것, 좋아하는 것을 잘하기 위해서는 어떻게 해야 하는지 알게 된 소중한 경험이었습니다.

'딱 50만 원만 벌면 좋겠다'에서
시작한 홈 클래스

몇 번의 겨울이 지난 후 다시금 '수제', '베이킹', '디저트'를 키워드로 한 창업을 결심했습니다. 그때 제 자신이 예전과는 많이 달라졌다는 것을 알 수 있었습니다. 지난날의 경험은 살아있는 창업 교과서가 되어 다음의 세 가지를 창업 기준으로 삼았습니다.

첫째, 어떤 상황에서도 내가 주체인 일(자유, 시간을 얻어 질적인 삶 추구)
둘째, 오래 할 수 있는 일(가능하면 혼자서도 오래 할 수 있는 일)
셋째, 자본금이 적게 드는 일

추상적인 그림은 그리지 않았습니다. 매우 현실적인 그림을 그리고 글로 옮기며 저만의 시나리오를 만들었습니다. 가장 큰 변화라고 하면 언젠가 아이가 생긴다는 것인데 현실적으로 그려보니 첩첩산중이었습니다.

'아기가 태어나면 돈이 많이 든다던데….'
'시간은 더 없다던데….'

돈이야 사람들 말처럼 있다가도 없는 것이라고 위안 삼더라도 시간만큼은 빼앗기기 싫었습니다. 따라서 내가 내 삶의 주체가 되기 위해서는 절대적으로 시간이 필요했습니다. 또한, 일주일 내내 일하지 않더라도 오래 할 수 있는 일을 찾아야 했습니다. 이 기준 역시 아이가 있더라도 일할 수 있는 환경이 가능해야 했고요.

욕심부리지 않고 '한 달에 딱 50만 원만 벌었으면 좋겠다'는 목표를 세우니 구체적인 방향을 설정하기 좋았습니다.

'6개월은 딱 50만 원만.'
'6개월 후 더 많은 소득을 기대하자!'

그 당시 한 달에 한 번 정도 토요일에 블로그를 통해 알게 된 이웃들에게 쿠키와 케이크 만드는 방법을 알려주곤 했었습니다. 다시 짚어 봐도 저의 창업 기준 세 가지를 충족하는 것은 홈 클래스라는 결론에 도달했습니다.

나만의 작업실
'루루아틀리에'를 오픈하다

홈 클래스를 시작하고 한 명 두 명 찾아와 주시는 수강생들이 늘어났습니다. '집'이라는 공간의 제약과 더불어 '아기가 있다'는 환경의 제약을 받으면서 나만의 작업실을 얻고 싶다는 소망이 간절하고도 절실해지기 시작했어요.

베이킹과 더불어 플라워 케이크, 떡 케이크를 만들면서 지인들을 통해 하나둘 주문이 들어왔습니다. 팔고 싶었어요. 또한 집이 아닌 나만의 독립된 공간에서 수업하고 싶었습니다.

남편에게 매일같이 저의 바람과 꿈을 구체적으로 설명했어요.

"밖에 나가면 더 잘할 수 있어요!"라고 열심히 침을 튀겨가며 남편을 귀찮게 했습니다. 때론 "앞으로 내가 먹여 살릴게, 두고 봐요!"라는 진심 섞인 농담도 하면서요.

꽤 두툼한 창업 아이디어 노트를 펼치며 "앞으로 5년 동안 이렇게 많은 일을 할 건데, 그게 뭐냐면 어쩌고저쩌고…." 사실 남편이 그걸 다 보진 않았을 겁니다. 그래도 정성이 갸륵하지 않았을까요?

작업실 위치는 늘 지나다니던 길목의 두어 군데 저렴한 자리를 마음에 두고 있었습니다. 남편과 손을 잡고 계약한 자리는 몇 년간 아무도 들어오지 않던 소위 망한다는 건물이었어요. 그런 자리를 겁도 없이 계약했고, 들어온 지 반년 만에 건물에는 다른 가게들이 속속 들어와 찼습니다.

그렇게 그해 겨울, 가까스로 '나만의 작업실'을 얻게 되었습니다. 나만의 공간뿐 아니라 남편의 마음도 얻었다는 것은 후에 일적으로도 자신감을 높이는데 매우 중요하게 작용했습니다. 작고 아담한 11평 공간은 여름에는 덥고 겨울에는 추웠지만, 나만의 공간에서 마음껏 작업할 수 있다는 것은 그야말로 행복이었습니다.

비싸고 좋은 자리는 얼마든지 많습니다. 그런 자리에서 투자한 만큼의 이익을 거둘 수 있다면 그 자리도 좋은 자리입니다. 그러나 창업할 때는 감당할 수 있는 적은 자본으로 빚 없이 시작하는 것이 좋습니다. 경험이 없는 무리한 투자는 결국 화를 자초하는 법이죠. 첫 창업이라면 꼭 염두에 두어야 할 사항입니다.

"작지만 반짝이는 가게가 되자!"

저의 바람과 모토를 담은 '루루아틀리에'는 그렇게 시작되었습니다. 특별할 것 없는 공간을 하나둘씩 고치고 가꿔 나갔어요. 햇빛이 쏟아지고 화려하지 않아도 사랑스러운, 저에게 딱 맞는 최고의 자리입니다.

적잖은 분들께서 저의 작업실 이름인 '루루아틀리에'가 어떤 뜻을 담고 있는지 물어보시곤 합니다. '정성스러울 루(慺)'가 두 번 반복되어 정성을 두 번 담았다는 의미를 담고 있습니다. 그야말로 수제의 특성을 잘 살린 이름입니다. '루(慺)' 라는 한자에는 '정성스럽다', '정성스러운 모양'이라는 뜻과 함께 '공근(恭勤)한 모양', '공손하고 삼가는 모양'의 의미도 있습니다. '공근'이라는 단어의 공손하고 부지런하다는 뜻이 참 좋아서 이 단어를 운영의 신조로 삼고 있습니다.

LIFE IS SHORT
EAT DESSERT FIRST!
Lulu Atelier
#루루아틀리에
LIFE IS SHORT
EAT DESSERT FIRST!
Lulu Atelier
#루루아틀리에

또한, 작업할 때 느껴지는 감정을 그대로 담은 '룰루랄라'라는 단어의 어감을 가볍게 살려 좋아하는 한글의 감성도 입혔습니다. 그렇게 탄생한 '루루'는 쉽고 부르기도 좋았어요.

고객분들과 수강생들에게 드려야 하는 마음가짐과 일하며 다잡는 마음가짐까지도 '루루'라는 단어가 모두 표현하고 있습니다.

지금 이 글을 보시는 분 중에 아이가 있는 엄마라면 사업장은 장기적인 안목으로 반드시 집과 가까운 곳을 선택하는 것이 좋습니다. 뭔가 집에 두고 온 게 생각났을 때 후다닥 가져올 수 있고, 아이에게 돌발적인 위급상황이 생기면 급하게 뛰어갈 수도 있습니다. 설령 무슨 일이 없다 해도 지리적으로 가까우면 그 자체로 심리적인 안정감을 준답니다. 엎어져서 코 닿을 거리라면 제일 좋아요.

나만의 작업실에서 만들어 나누는 소소함과 넉넉한 마음, 아지랑이 피듯 사방에 진동하는 빵과 쿠키 내음이 마냥 좋았습니다.

밝은 햇살이 눈부시게 들어오는 창문을 환하게 열고 하얀 밀가루 한 줌과 함께하는 시간을 스스로 '놀이'라고 부를 정도로 푹 빠져들곤 했습니다. '내가 이것을 왜 하고 있는지'에 대한 의문조차 들지 않을 만큼 집중하는 시간이었습니다.

시간, 능력, 돈이 있는 엄마가 되고 싶다

시간이 지날수록 바람이 생겼습니다. '그냥 엄마'보다 '엄마 사장'으로 살고 싶었고, 그보다는 사장이라는 단어가 앞에 오는 '사장 엄마'로 살고 싶었습니다. '엄마'이기 이전에 '내'가 먼저이기 때문입니다.

밖에 나가면 엄마들에게 아이 이름을 붙여 '누구누구 엄마'라고 부르잖아요. 저는 그렇게만 제 자신을 표현한다면 조금 서글플 것 같았습니다. 제 이름 석 자로도 살고 싶다는 욕망이 있었습니다.

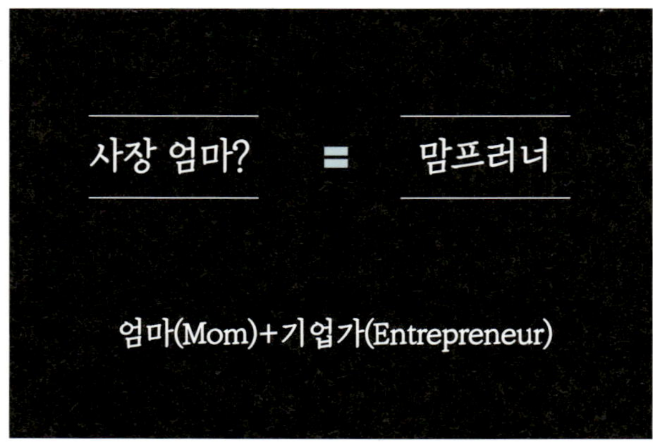

사장 엄마 강의 자료 참고

‘사장 엄마’를 주제로 한 강의에서 많은 엄마들을 만납니다. 사장 엄마가 되고 싶은 엄마들의 목소리는 한결같습니다.

“그동안 내가 없이 살았다.”
“죽어라 키웠더니 소용없더라.”

물론 살림하고 자녀를 양육하면서 어떠한 대가를 바라는 것은 아니지만, 그 뒤에 엄마라는 이름으로 살면서 나라는 존재의 가치를 발견하지 못했다는 이야기겠지요.

‘엄마가 행복해야 아이가 행복하다’는 말이 있습니다. 엄마가 자신의 가치를 스스로 인정하고 행복을 표출할 때 아이도 그런 엄마의 표정과 마음을 읽는 것 같습니다. 아이가 자라고 해를 거듭할수록 이 말은 진리라는 생각이 듭니다.

‘이상적인 사장 엄마란 무엇일까?’, ‘내가 진정 되고 싶은 사장 엄마란 무엇일까?’에 대해 깊이 숙고하고 다음과 같은 세 가지 결론을 내렸습니다.

첫째, 시간이 있는 엄마
둘째, 능력이 있는 엄마
셋째, 돈이 있는 엄마

이 세 가지는 서로 연관성이 있어요. 시간이 있어야 능력도 키우고, 시간이 있어야 돈도 벌 수 있습니다. 반대로 돈은 있는데 시간이 없거나, 시간은 있는데 돈이 없는 경우보다는 ‘능력을 개발해서 그 탁월한 능력으로 돈을 벌면서 시간도 있는 엄마’가 되고 싶었습니다.

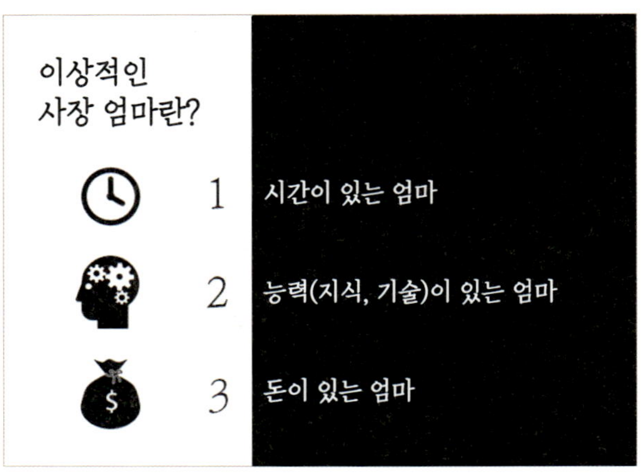

사장 엄마 강의 자료 참고

내 꿈을 방해하는 요소 정리하기

이력서를 쓸 시간이 없어 직장을 구하지 못한다는 엄마가 있었습니다. 그 말이 과장이라고만은 생각하지 않습니다. 밥도 서서 먹고 화장실도 간신히 가는, 어린 아기를 둔 엄마에게는 시간을 잘 활용한다는 것 자체가 사치일 수 있으니까요. 아이가 점점 커가면서 시간적 여유가 생기지만, 그때는 시간이 있다는 것을 인지하지 못하고 흘려버리기 쉽습니다. 아이가 중·고등학생쯤 되면 그제야 어느 정도 시간이 있다는 것을 깨닫죠. '이제 나를 돌아봐야 하지 않나?' 하는 고민도 많아지고요. 중년에 창업을 계획하는 여성들이 많은 이유이기도 합니다.

사실 없다고 생각하면 항상 없는 게 시간입니다. 시간이 있는 엄마가 되려면 먼저 자신의 꿈을 방해하는 요소들을 정리해야 합니다. 창업하더라도 헛되게 쓰는 시간을 버리지 않으면 가정과 일의 균형을 잡는 것이 너무나 어렵기 때문입니다.

아침 드라마가 주지 않는 교훈은 책에 있었다

TV는 켜는 순간 빨려들죠. 유용한 프로그램이 많지만 저는 필요한 상황이 아니고는 TV 시청을 자제합니다. 또 정말 가치 있는 정보는 인터넷에 마구 떠돌지 않습니다.

그래서 아침부터 밤까지 책에 매달렸습니다. 아침 드라마가 주지 않는 교훈이 모두 책 속에 있었습니다. TV를 볼 때는 시간을 보낸다는 생각이 들었지만, 책을 볼 때는 시간을 산다는 생각이 들었습니다. 메뉴에 대한 연구가 필요해 한 번 의자에 앉으면 스스로 이해가 될 때까지 책을 파고들었습니다. 그래야만 다른 사람에게 전달할 수 있으니까요. 다시 밤을 새우는 날들이 많아졌습니다.

처음에는 쿠키며 빵 등 밀가루를 다루며 시작한 베이킹에서 점차 쌀로 만든 디저트까지 관심을 두었습니다. 관심 분야는 자연스럽게 함께 곁들일 음료와 샌드위치 도시락으로 확장되었습니다. 각 분야를 집중적으로 파고들다 보니 꼬리에 꼬리를 물고 연관되어 있었습니다. 다양한 디저트를 다루며 보고 느끼는 세계는 놀랍고 신기했습니다.

독학을 좋아하지만, 단편적인 지식을 가지고 이것이 전부라고 생각하는 것은 다소 위험하다는 생각이 들었습니다. 그래서 어느 정도 기초가 다져지면 궁금했던 부분의 갈증을 해소해줄 선생님을 찾곤 했습니다. 아쉽게도 학습이 모두 유용한 것은 아니었습니다. 한 곳에서 완벽하게 채워지지 않았던 부분들을 여러 곳에서 흡수하다 보니 자연스럽게 어떤 부분이 부족한지 깨달았습니다. 가능한 여러 곳을 찾아가고, 배운 것을 취합하여 버릴 것은 버리고 얻을 것은 얻었습니다. 어떤 아이템이든 수집하고, 정리하고, 연구해서 나만의 것으로 발전시켜 나가려고 노력했습니다.

누구나 창업할 수는 있지만,
누구나 성공할 수는 없다

강의를 전문으로 하는 교육자의 길을 선택한 후로 디저트에 깊이 빠져 파고들며 연구하고 공부할수록 이론의 중요성에 대해 깨달았습니다. 레시피 시연이야 실습을 하면 되었지만 이론은 어디에서 쉽게 얻어지는 것이 아니었기에 저는 직접 연구하고 공부하여 얻은 이론을 가르쳐 주어야겠다는 생각이 들었습니다. 이론이 탄탄해야 실습이 쉬워지기 때문입니다. 이론은 결국 기초이자 기본이며 뼈대이니까요.

레시피를 주는 곳은 많지만 레시피 이외의 것을 주는 곳은 찾기 힘들었습니다. 더군다나 맛있게 먹고 끝인 수업은 원하지 않았습니다. 취미 수업이 아니고, 직접 창업해보니 더욱 그랬습니다. 레시피 하나만 가지고 성공할 수 있는 창업이란 없기 때문입니다. 의외로 레시피만 가지고 창업할 수 있을 거라는 무모한 생각을 가진 사람들이 많습니다. '레시피만 있으면 대박 난다!'라고 생각한다면 그렇지 않습니다. 좋은 레시피란 눈으로 보기에 화려한 레시피가 아니라 '써먹을 수 있는 레시피'이기 때문입니다.

마음만 먹으면 누구나 창업할 수 있지만 아무나 성공할 수 없는 이유는 여기에 있습니다. 설령 써먹을 수 있는 독자적인 기술력이 있다 해도 그것이 반드시 사업의 성패를 가름하지는 않습니다. 기술력은 창업에서 씨앗일 뿐입니다. 물이 되기도 하고 햇빛이 되기도 하는 콘셉트, 방향성, 정보, 마케팅, 그리고 창업 과정, 운영 노하우 등 총체적인 경영 학습을 간과해서는 안 됩니다.

장기적인 운영을 내다보는 현명한 창업자는 단지 '만들 줄 아는 기술'만 배우고 싶어 하지는 않을 것입니다.

저의 경험과 노하우가 축적될수록 제 강의를 듣고 직접 창업하는 분들이 늘었습니다. 교육 후 단기간에 창업으로 이어지자 책임감은 더욱 커졌습니다. 그러면서 예전과 확실히 달라진 점은 여기저기 휘둘리지 않고 스스로 부단히 연구하여 깨우치는 시간이 늘었다는 점입니다. 스스로 연구하여 얻는 것은 그 기쁨이 배가 되었습니다.

소수 정예의 수업을 추구하다 보니 수업 분위기는 늘 화기애애합니다. 나누는 이야기가 길어져 정해진 수업 시간을 넘기기 일쑤입니다. 수업 중 궁금한 점은 언제든 주고받으며 이어집니다.

"선생님, 언제까지 기다려야 하나요?"

어느 봄날, 달력을 보니 이미 그해 가을까지 빼곡하게 찬 스케줄을 볼 수 있었습니다. 감사하게도, 한 가지 수업을 들었던 수강생들은 곧 다른 수업도 신청했습니다. 한 번 수업에 참여하면 한 가지 수업만 듣는 수강생들은 거의 없습니다. 제 강의를 들으며 창업하시는 분들이 속속 늘어날수록 더 연구하자며 마음을 다잡았습니다.

수강생들을 대신하여 정보를 찾는 일도 막중한 책임감을 더했습니다. 샌드위치 수업의 경우 빵이 중요해서 빵 하나를 위해 전국 방방곡곡 수십, 수백 가지의 빵을 사서 테스트했고, 이 테스트는 꽤 오랜 시간 계속되었습니다. 마침내 원하던 식감과 맛의 빵을 찾았을 때는 기뻐서 잠이 오지 않을 지경이었습니다. 그리고 그 정보를 수강생들과 함께 나눌 때는 아주 큰 숙제를 끝낸 듯했습니다.

"오늘도 완판이에요!"
"어떻게 하면 더 잘 팔릴까요?"

똑같은 제품이라도 성과는 지역마다 다르고 판매자마다 다릅니다. 모든 수강생에게는 그들만의 상황과 환경이 있고 잘 되는 이유와 제품이 덜 팔리는 이유도 각기 다릅니다. 그래서 어떤 매장에 어떤 아이템이 어울릴지 함께 고민하고, 수업이 끝나면 달려가서 기꺼이 잘 팔릴 수 있는 디스플레이를 도와주기도 합니다.

재미있는 일은 그런 것 같습니다.

'많은 시간을 할애하고 싶은 일'
'시간 가는 줄 모르는 일'
'깨우친 것을 나눌 때 그 기쁨이 배가 되는 일'

그러면서 스스로 한 뼘씩 성장해가는 것을 느낍니다.

언제 어디서든 새로운 레시피를 끄적거리고, 다시금 연습하고, 먹어보고, 응용하고, 팔고, 가르치고…. 누가 시키지 않아도 재밌어서 밤새 같은 것을 반복한 지 오래입니다. 잘 가르치고 싶다는 일념과 성공하는 창업자를 배출하고 싶다는 소망은 계속해서 제 성장의 원동력이 되고 있습니다.

'수제' 디저트 아이템으로
성공할 수 있을까?

모든 창업은 공통으로 단기적인 성과보다 장기적인 성과를 기대해야 합니다. 어느 누구도 한 달, 혹은 일 년만에 문을 닫는 것을 원하지 않으니까요. 그래서 많은 창업자들이 고민하는 부분은 현실성 있는 사업 여부입니다.

"한때 반짝해서 유행에 휩싸이는 아이템이 아니었으면 좋겠다."

"특별한 비수기도 없으면 좋겠다."

유행에 크게 흔들리지 않고 수익성과 시장성이 좋아 오래갈 수 있는 장기적인 아이템을 선정하고자 합니다. 이러한 창업 아이템은 과연 몇 가지나 있을까요?

케이크는 일 년 내내 모든 행사에서 빠지는 경우가 없는 아이템입니다. 수제 쿠키와 잼은 돌이나 웨딩 답례품 등으로 꾸준히 인기를 올리고 있고요. 샌드위치는 과일이나 음료와 더불어 한 끼 식사를 대신할 도시락으로 수요가 많습니다.

각종 단체와 세미나에서는 핑거 푸드, 케이터링 음식, 선물세트, 답례품, 어린이집 간식 등을 필요로 합니다. 날마다 달마다 이어지는 각종 행사에는 그에 걸맞은 먹거리를 원하고요. 기업에서는 단체 쿠키를 요청하고, 세미나에서는 간단히 먹을 샌드위치를 주문하는 등 단체주문으로 사시사철 분주합니다.

화이트데이, 밸런타인데이, 크리스마스, 명절 등 어느 시즌이든 디저트 시장은 일 년 내내 바쁘게 돌아갑니다. 특정 아이템에 따라 차등이 있을지언정 본인이 능력껏 소화할 수 있는 디저트 메뉴에 따라 사실 특별한 비수기는 없는 셈입니다.

대량으로 양산된 기성품보다 손길이 여러 번 가는 수제품이 특별한 것은 사실입니다. 단 한 사람, 단 하나의 단체를 위해 맞춤형 제품을 제공할 수 있다는 것이 매력적이죠. 이것은 곧 경쟁력이 되기도 합니다. 똑같이 짜 맞춘 제품보다 소비자 기호에 맞춰 만족스러운 가치를 제공할 수 있으니까요. 그런 점에서 수제 디저트는 앞으로의 성장 가능성이 더 큰 아이템입니다.

수제 디저트가 있는 카페

수강생 중에는 카페를 운영하시는 분들과 카페를 운영하고자 하시는 분들이 있어 카페 디저트에 대한 코칭 의뢰가 많습니다.

"카페는 이미 포화 시장이야."

이 말은 이미 오래전부터 들어 왔지요. 동네마다 카페 자체가 많이 늘어나기도 했고요. 요즘처럼 저가형 커피를 선호하기도 하는 시대에는 더 이상 커피 하나만으로는 경쟁하기 어렵습니다. 자연스레 카페에서는 케이크나 샌드위치와 같은 사이드 메뉴에 심혈을 기울입니다.

커피만 마시러 카페에 오는 고객보다는 디저트를 맛보고자 커피를 주문하는 고객이 늘어나고 있습니다. 따라서 샌드위치 카페나 디저트 카페 등의 콘셉트도 다양해지고 있습니다.

커피 한 잔에 어울리는 디저트를 적절하게 도입하는 것은 카페의 기능과 문화를 만드는 데도 큰 역할을 합니다. 가벼운 디저트뿐만 아니라 한 끼 식사와 견줄 만한 든든한 디저트까지 매장 상황에 맞는 사이드 메뉴를 추가하면 커피만으로는 부족했던 수익을 채우고 곧 메인 메뉴로 역전할 만큼 좋은 성과를 기대할 수 있습니다.

군포에서 프랜차이즈 카페를 운영하고 있던 수강생 S 씨는 메뉴의 한계점을 느끼고 있었습니다. 음료 이외의 디저트 메뉴를 신중히 고민하다가 샌드위치를 도입하게 된 케이스죠. 샌드위치를 도입하고 바로 판매로 이어지자 새로운 재미와 기대로 또 다른 목표가 자꾸 생겨나서 이제 더 큰 발걸음을 계획한다고 합니다. 또 한 번의 도약을 위해 매일 계획을 구상하는데, 이러한 기획과 구상은 모두 수업 이후에 이루어지는 것이라며 생생한 이야기를 들려주시곤 합니다. 수제라서 비록 그날그날 소량을 만들지만, 매일 완판하고 주말에는 예약을 받고 있죠. 카페의 긍정적인 변화에 본사에서 모니터링 나왔을 정도라고 하니 성장하는 모습이 실로 반갑기도 합니다.

양산에서 카페를 창업한 수강생 J 씨는 오픈할 때부터 샌드위치를 도입했습니다. 오픈과 동시에 폭풍 주문에 연일 행복한 비명을 질렀고, 방학 시즌에는 밀려드는 주문을 소화해내며 바쁘게 지내고 있다는 연락을 자주 주고 계신답니다. "맛있는 샌드위치를 더 열심히 만들어 많은 사람들의 입을 행복하게 할게요!"라는 낯간지러운 말씀도 얼마나 감사하든지요.

경쟁이 치열하고 저성장 시대일지라도 일상의 소소한 행복이 중요한 시대에 비록 한 끼 식사만큼의 비용을 내더라도 맛과 영양을 위해서라면 기꺼이 지갑을 열어줄 소비자들이 있습니다. 부디 정성이 깃든 디저트를 만드는 엄마 창업자도 늘어나 상생하는 구조가 되었으면 좋겠습니다.

'수제' 디저트 가게의 규모는 작게 시작할수록 좋다

꼭 필요한 작은 가게 창업 노하우 9가지 - ❶

창업을 계획하는 수강생들과 상담하면 나만의 독립적인 매장을 원하는 사람들이 많습니다. 프랜차이즈 창업의 경우 가맹 본사가 구축해 놓은 시스템과 노하우를 따르는 것이므로 안정적이라는 장점이 있으나 가맹 본사가 부실할 경우 함께 무너질 위험도 안고 있습니다. 임대료와 인건비, 관리비, 원자재와 부자재 등의 비용 구조도 생각해야 하지만, 그보다 로열티를 지급해야 한다는 점이 부담스럽습니다. 독자적으로 개인의 의견을 100% 자유롭게 반영할 수 없다는 점, 자신이 완전한 주체가 아닐 수 있다는 점도 독립된 매장을 선택하는 계기가 될 수 있겠지요.

독립된 매장 운영의 목표를 가지고 있다면 사업 규모는 되도록 작게 시작하는 것을 권합니다. 특히 '작은 가게나 작업실'이라는 타이틀에 기반한다면 큰 투자가 발생하지 않고 순이익률이 높은 게 매력적입니다.

사업 규모가 큰 매장은 기본적으로 고정 지출이 많기 마련입니다. 매장을 얻을 때 가장 큰 비용적인 문제는 아무래도 보증금과 권리금입니다. 특히 명확한 산정 기준이 없어 권리금은 부르는 게 값입니다. 여기에 매달 나가는 임대료와 인건비, 식자재, 전기요금, 수도요금 등의 고정 지출도 지속해서 상승하고 있습니다.

수강생 사례_다양한 제품 판매와 교육이 이루어지고 있는 대구 '초코마샹스'

　매장 콘셉트 상 대형 매장 전략을 세워야만 경쟁력 있는 점포도 있지만, 요즘 같이 자영업을 생계 수단으로 선택하는 시대에는 작은 가게가 곧 경쟁력이 될 수 있습니다.

　인테리어가 화려하고 으리으리한 매장보다는 공방 형태의 소박한 작업실이 늘어나고, 공방과 카페를 결합한 카페형 공방을 구상하기도 합니다. 저 또한 카페 창업을 계획하는 분들에게 이와 같은 구조를 권하기도 합니다. 꼭 전문적인 창업 교육만이 아니라 가벼운 체험형 학습을 원하는 사람들이 많아졌고, 이에 상응할 수 있다면 주문만 받을 때보다 일에 대한 보람도 클뿐 아니라 카페만의 차별화된 문화와 콘텐츠를 만들 수 있어 지속적인 수익도 기대할 수 있습니다.

　다시 한번 강조하면 특별한 상황이 아닌 경우 내실 있고 알차게 꾸려나가길 권합니다. 화장품 매장이나 옷 매장을 비롯하여 테이크아웃 전문점, 디저트 전문점도 작게 시작하는 곳이 점점 늘고 있습니다. 오히려 전략적으로 작게, 조금 내려놓고 스몰 창업으로 시작하라고 조언하는 셈인데요. 보통은 처음 시작하는 창업이라 운영의 지혜가 다소 부족하기 때문입니다. 임대료도 팍팍한데 인건비 문제에 부딪힐 수 있고, 공간만 크고 매출이 없어 실속 없이 자리만 축내고 있을 수도 있습니다. 고객들 또한 무조건 크고 멋진 곳을 선호하기보다는 작아도 아늑하고 감성적인 공간을 일부러 찾기도 하고요.

수강생 사례_파주의 '다솜공방'

두조건 회사가 크고 직원이 많아야 좋은 것은 아닙니다. 대부분 인생에서 처음 시도하는 창업이라는 것을 염두에 두어야 하지요. 창업은 성공해도 되고, 못해도 되는 '그냥 한 번 해보는 것'이 아니기 때문입니다. 따라서 위험 요소를 줄이고 감당할 수 있는 선에서 시작하는 것이 좋습니다.

군이 규모로 따지자면 처음 창업을 계획하는 이들에게는 10평 정도의 작은 규모로 시작하는 것을 권합니다. 여러모로 리스크가 낮기 때문이에요. 3~8평 규모는 매장별 상황에 따라 작지만 알차게 꾸려나갈 수 있으나, 장기적으로 볼 때 너무 협소한 공간은 여러모로 불편한 감이 있습니다. 경험상 틈새를 잘 활용한다 해도 식자재를 갖출 수납공간은 항상 부족하다고 느끼게 됩니다. 따라서 첫 시작은 너무 작지도 너무 크지도 않은 10~15평 정도가 무난합니다.

우리는 창업도 많고 폐업도 많은 다산 다사 시대에 살고 있습니다. 이러한 사회 구조 속에서 크게 벌여 두려움만 안고 창업할 수는 없습니다. 투자비용을 최소한으로 줄여 영업 부진에 대한 리스크가 낮아지면 운영하는 사람도 지치지 않고 즐겁게 일할 수 있습니다.

물론 공간이 작다고 해서 꿈의 크기가 작은 것은 절대 아닙니다. 공간을 최대한으로 활용하는 동시에 제법 수입을 올리며 계속해서 비전을 넓혀가는 수강생들도 많습니다.

소자본으로 시작할 수 있는 작은 가게는 대형 매장에서 흉내 낼 수 없는 콘셉트로 활로를 찾는 것이 답입니다. 작은 가게만의 매력, 작은 가게만의 감성, 작은 가게만의 고유한 맛, 작은 가게만의 특별한 정성 등 작은 가게만이 줄 수 있는 장점을 특화하세요.

작은 가게가 성공할 수 있는 세 가지 비결은 다음과 같습니다. 가게를 소형화해서 유지비용을 줄이되, 판매는 극대화하는 것이 핵심입니다.

때때로 더 넓은 공간이 필요하다는 판단이 설 때 신중을 기해 사업 규모를 늘려나갈 것을 권유합니다. 작아서 더 좋은 나의 가게를 실현해 보는 것! 슬슬 자신감이 생기시나요?

나만의 멘토가 필요하다

꼭 필요한 작은 가게 창업 노하우 9가지 - ❷

무슨 일이든 처음에는 멘토가 필요합니다. 여기서 멘토란 일방적인 가르침이 아니라 서로 정서적 유대관계에 있는 것입니다. 나에게 맞는 '멘토'를 찾기 쉽지 않다면 '롤모델'을 찾는 것도 좋습니다. 때로는 롤모델이 될 대상에게서 받는 자극이 동기 부여가 되어 전혀 다른 삶으로 이끌어 주기도 하니까요.

멘토의 도움으로 불필요한 일에 시간 낭비를 줄이기도 하고, 멘토의 도움이 성공 비결이 되기도 합니다. 멘토는 전혀 새로운 영역으로 인도하기도 하고, 나조차도 몰랐던 나의 역량을 최대치로 끌어올리기도 합니다.

여러분은 멘토가 있나요? 멘토에게서 닮아 가고자 하는 부분은 무엇인가요? 나보다 먼저 이룬 사람들을 자세히 살펴보면 반드시 배울 점이 있습니다. 실력, 기술, 능력, 인성, 그 외의 것 등을 말이죠.

창업자가 스스로 길을 개척하기란 쉽지 않습니다. 멘토가 이루어 놓은 콘텐츠와 스킬을 보고 배우는 것은 맨땅에 헤딩하는 시간과 비용을 줄이는 데 큰 거름이 됩니다. 원하는 분야의 기술은 물론, 앞으로 부딪히는 여러 문제에 대해 시원하게 답해 줄 삶에 대한 깊은 통찰력을 겸비한 멘토라면 더욱 좋습니다.

파랑새는 가까운 곳에 있다는 말은 진리입니다. 자신만의 멘토를 적극적으로 찾아 나서 보세요. 멘토의 도움과 나만의 열정으로 이루어낸 꿈은 또 다른 사람들의 꿈이 될 것입니다.

'내가 이룬 꿈은 누군가의 꿈이 된다'는 말은 몇 년째 제 블로그의 고정 문구이기도 합니다. 선망의 대상인 멘토를 바라만 보셨나요? 이제 다른 사람들에게 동기를 부여하는 멘토가 되는, 그 짜릿한 반전 드라마를 기대하시길 바랍니다.

남과 다른, 나만이 할 수 있는 한 가지

꼭 필요한 작은 가게 창업 노하우 9가지 - ❸

많은 마케팅 강의와 서적에서 자신만의 콘텐츠를 가져야 한다고 이야기합니다.

'차별화하라!'
'나만의 퍼스널 브랜딩이 필요하다!'
'나만의 브랜드 상품을 개발하라!'

한 줄의 말이야 쉽지 실제로는 이게 어디 쉽던가요. 그런데도 가장 중요하기 때문에 한결같이 강조합니다. 결국 '남과 다른 한 가지'가 필요한 것입니다. 나를 선택하지 않으면, 내게 오지 않으면 안 되는 이유를 반드시 설명할 수 있어야 합니다. 꼭 이 제품을 선택해야 하는 이유를 망설임 없이 대답할 수 있으면 됩니다.

창업을 한 번 해봤거나, 창업하고 계신 분들이 절박하게 말씀하십니다.

"제 수업은 왜 인기가 없을까요?"
"왜 팔리지 않았을까요?"
"다른 아이템으로 실패한 경험이 있어 창업이 두려워요. 뭐가 잘못된 걸까요?"

골든룰이라는 것이 있습니다. "그러므로 무엇이든지 남에게 대접을 받고자 하는 대로 너희도 남을 대접하라." 단순히 성경 글귀에 그칠 것이 아니라 신앙을 떠나 사업하시는 많은 분들이 적용할 수 있는 법칙입니다. 무엇이든지 남에게 대접받고자 하는 대로 남을 대접하라는 가르침이지요.

저는 수업을 준비할 때 수강생분들이 드시는 물은 될 수 있으면 에비앙으로 준비합니다. 그 물이 진짜 좋은지 확인할 바는 없으나 그 물을 드실 가치가 있다고 생각하고, 또 좋은 것으로 드리고 싶어서 그렇게 합니다.

수업을 다녀보니 수업 이후에 생긴 궁금증을 물어볼 사람이 없을 때 너무 답답했습니다. 그래서 수강생 카페를 만들어 까딱하면 놓칠 수 있는 만드는 과정과 필요한 도구 등을 따로 업로드해서 언제든 볼 수 있게 했지요.

먼저 '나라면 어떤 곳에 가고 싶은가?', '어떤 제품을 사고 싶은가?', '어떤 수업을 듣고 싶은가?'를 생각하기 바랍니다. 이는 제품에도 해당합니다.

어린 나이에 독창성을 인정받은 가수 '악동뮤지션'의 책 《목소리를 높여 high》를 보면 수현 양의 이야기가 나옵니다.

예전에 노력한다는 것이 무엇인지 몰랐다. 단순히 좋아하는 것을 하는 것과는 다른 것이라는 것, 공부하는 것이 노력하는 것으로 생각했다.

YG 연습실에 들어가면 항상 보이는 문구가 있다.

'노력하지 않는 사람은 나가라.'
'재능 없는 사람도 나가라.'

그 문구를 보면서 생각했다.

'재능이 없으면 노력이라도 해야 하는구나.'

'재능이 있고, 노력도 하면 더 좋은 것이구나.'

재능이 있건 없건 노력해야 한다는 결론은 마찬가지다. 그런 뻔한 결론을 말하기 위해서 문구를 붙여놓았다고 생각하지는 않는다.

그런데 '미래는 노력하는 사람의 것이다'라고 근사하게 포장하는 것보다는 직설적으로 '안 할 거면 나가'라고 말해주는 게 좋다. 훨씬 효과가 강하다. 문구를 보는 순간 심장이 쿵 내려앉으니까. 아, 진짜 노력하지 않으면 안 되겠구나 결심하게 만든다.

'노력하지 않으면 나가'라고 합니다. 우리는 무엇이든 너무 쉽게 얻으려 하는 것이 많다는 생각을 해요. '딱 한 가지 다른 그것'은 쉽게 얻어지지 않습니다. 소위 대박집은 왜 대박인지, 성공 뒤에 숨겨진 그들의 피와 땀을 그려 보시기 바랍니다. 무엇이 다른 것인지 그 비결을 한 번에 얻으려 하지 말고 끈질기게 매달리고 노력해서 얻어야 합니다.

요즘 같은 시대에는 경쟁하지 않는 아이템이 거의 없다고 봐야 합니다. 그러므로 너무 거창하게 다른 무언가를 찾지 않아도 됩니다. 많이도 아닌 딱 한 가지만 눈에 띄게 다르면 됩니다.

여기 아니면 안 되는 절대 바꿀 수 없는 무엇. 그것에 대한 해답을 찾은 다음 창업하시기 바랍니다. 분명, 나만이 할 수 있는 것은 있게 마련입니다.

모든 준비를 마치고 시작할 수는 없다

꼭 필요한 작은 가게 창업 노하우 9가지 - ❹

완벽주의 성향을 지닌 분들이 창업하기 어려운 이유입니다.

창업 과정에서도 상호를 영문으로 지을지 한글로 지을지, 의자는 검은색을 놓을지 흰색을 놓을지 머리가 지끈한 일이 계속됩니다. 백 번 고민해 어느 한 가지를 포기하면 이내 다른 한 가지가 아쉬울 겁니다. 그런데 오히려 이런 결정은 간단한 것에 속할지도 모릅니다. 메뉴? 디자인? 인테리어? 어차피 모든 일에 100% 만족은 없습니다.

창업에도 타이밍이 있습니다. 늦을수록 경쟁이 심화되죠. 창업 과정에서 맞다고 판단되면 실행으로 옮기는 편이 좋습니다. 때로는 그로 인해 실패도 하고, 실수도 하면서 자리 잡아 가는 것입니다. 시작은 누구나 미숙하기 마련입니다. 첫 번째 창업에 도전하는 창업자가 모든 것을 완벽하게 하려고 한다면 이도 저도 안 되는 경우가 많습니다.

사업은 '기술+경험(노하우)', '마케팅' 이 세 가지가 전부입니다. 특히 지식과 경험, 이 두 가지는 시간으로 다져져야만 좋은 성과를 이룰 수 있지요. 경험을 이길 수 있는 것은 없습니다. 아무리 잘 나가는 컨설턴트라도 직접 창업해 본 사람과는 경험치가 전혀 다를 수밖에 없습니다. 경험은 곧 실행했다는 뜻이기도 합니다.

책상 앞에 붙여두고 아침마다 보는 글귀가 있습니다.

'자꾸 연습하면 아주 잘 할 수 있다.'
'실천이 완벽보다 낫다.'

지식을 연마하면 시간의 흐름에 따라 축적될 것이고, 곧 실패가 쌓여 노하우로 바뀔 것입니다. 완벽해지고 싶어서 발버둥 친다 한들 하루아침에 완벽해질 수 있는 것이 아닙니다. 배움을 게을리하지 않고, 실패는 거울삼는 지혜를 발휘하고, 부단히 실행하는 단계를 밟아가다 보면 어느새 프로에 가까워질 것입니다.

막상 창업하고 보니 창업 전보다 창업 이후에 고민할 문제들이 더 많았습니다. 아기를 낳기 전과 낳고 나서가 천지 차이이듯요. 이론만 열심히 검색한들 무슨 소용이던가요. 아이를 직접 낳아 키우는 생생한 경험이 결국 답이 됩니다.

창업은 충분한 준비 과정을 제대로 거쳐야겠지요. 막연한 공상과 기대만으로 장밋빛 미래를 꿈꿔서는 안 됩니다. 그 준비 끝에 과감한 결단도 필요하다는 이야기를 하고 싶습니다. 부딪혀봐야만 연륜도, 내공도 생기니까요. 성공이란 생각을 행동으로 옮기는 사람에게 찾아오는 것입니다.

세 가지 욕심을 버리자

여성 창업자, 특히 아이가 있는 사장 엄마가 버려야 할 세 가지를 늘 강조합니다.

'사장 엄마' 강의 자료 참고

첫째, 완벽주의

둘째, 착한 엄마 콤플렉스

셋째, 24시간 편의점 시스템

착한 엄마 콤플렉스, 24시간 편의점 시스템도 결국 모두 완벽주의에서 비롯되는 것입니다. 창업하는 과정부터 창업 후에도 계속해서 어려운 점은 자신의 일을 지키며 살림도 해야 하고, 아이와 남편에게도 무한한 관심을 쏟아야 한다는 것이에요. 실제로 여성 창업이 어려운 이유는 90%가 가정에서 원인을 찾을 수 있습니다.

아이가 태어나고는 가정과 일에 대한 지혜롭고 조화로운 균형이 더욱 중요하다는 것을 저 역시도 경험하면서 체감했습니다. 아이와 엄마의 관계는 깊되 일은 더 잘해야 한다는 강박에도 사로잡혔지요. 자칫 자신에게 소홀하다고 느낄 수 있는 남편에게도 마음을 써야 했습니다. 하루 세끼는 왜 이리 빨리 닥치는지 이것저것 참 만만치가 않았습니다.

창업은 원래 시작할 때부터 잡음이 많습니다. 처음 창업 자체를 말리는 사람이 남편일 수 있고, 운영 과정에서 협조해 주지 않는 사람도 남편일 수 있습니다. 남편을 설득할 수 없는 사람은 고객도 설득할 수 없습니다. 가족을 설득하지 못하는데 누구에게 무엇을 팔 수 있을까요? 가족의 동의와 전폭적인 지지가 없다면 엄마의 창업은 무너지고 맙니다. 따라서 되도록 빨리 화목한 가정 분위기를 만들고, 가정과 일의 균형점을 찾는 것이 좋습니다.

그리고 내 몸이 축나지 않는 것이 1순위입니다. 녹초가 될 때까지 일하는 습관을 들이지 않아야 아이와 놀아줄 수 있습니다. 집에 설거짓거리가 쌓여 있어도 내려놓을 수 있는 마음은 필수이고, 청소도 매일 할 수 없을지도 모릅니다.

엄마라는 사람은 24시간 편의점이 아닙니다. 뭐든지 완벽하게 하려는 좋은 엄마, 착한 아내 콤플렉스에서 벗어나기를 바랍니다.

대화와 책이 답이다

사실 사장 엄마는 사장 아빠보다 2배가 아닌 20배는 힘든 위치입니다. 엄마이면서, 사장이고, 아내이기도 합니다. 한 가지만 해도 벅찬 마당에 1인 3역을 해야 하니까요.

아이는 아빠보다 엄마에게 기대하는 것이 더 많고, 엄마의 손길을 필요로 하는 때가 많습니다. 그런데 남편도 마냥 아이 같지요. 작은아들보다 손이 가는 큰아들 같다고 합니다. 그렇다고 포기해서는 안 됩니다. 부부는 대가를 바라지 않는 영원한 후원자라는 것을 마음에 품어야 합니다.

가정이라는 울타리를 무너트리지 않고, 엄마라는 이름을 지킬 수 있는 두 가지 팁을 제안하겠습니다. 남편에게 쓸 수 있는 팁은 '대화'이며, 아이에게 쓸 수 있는 팁은 '책'입니다.

저는 틈이 날 때마다 남편과 대화를 시도합니다. 서로 너무 피곤할 때는 감정적으로 대응하게 되니 말을 아낍니다. 나 좀 봐달라고, 나 이렇게 일하고 오지 않았냐고 생색내지 않습니다. 가벼운 이야기는 수시로 하고 중요한 사항은 메모하였다가 가능하면 머리가 맑을 때 이야기를 꺼냅니다.

남편과의 대화 시간은 그 어떤 시간보다 소중합니다. 남편을 내 편으로 만드는 일이 중요합니다. 내 일이 소중할수록 남편을 더욱 배려하고 사랑하세요. 그러면 남편은 저절로 아내를 도울 겁니다. 인생의 든든한 동반자로, 창업의 절대적인 지지자로 말이죠.

많은 육아 고수들의 이야기처럼 아이와 양적으로 함께하기 어렵다면 질적으로 승부해야 합니다. 여건이 된다면 역시 양적인 것이 최고입니다. 창업 후 가장 좋은 점을 꼽으라면 9시부터 6시까지의 출퇴근 시스템에 갇혀 있지 않다는 것입니다. 저는 강의나 수업, 주문은 되도록 몰아서 잡지 않으려고 애쓰는 편입니다. 아이가 "엄마 미워! 일만 하고!" 하며 가출하고, 일에 미쳐서 남편과 이혼하는 영화 같은 일은 일어나지 않기를 바라니까요.

일하는 이유에 관해 곰곰이 생각해 보세요. 목적 없이 돈을 벌기 위한 노동이 아닌 행복한 가정을 영위하기 위해서라는 것을 잊지 않아야 합니다.

저는 시간이 없을수록 더욱 시간을 내려고 노력합니다. 가족과 함께 보내려고 일부러 만들어낸 시간은 절대 허투루 보내지 않습니다. 평일 또는 주말 할 것 없이 아이와 남편 손을 잡고 서점이나 도서관에 자주 갑니다. 새로운 트렌드를 읽기 가장 좋은 곳은 서점이지요. 다양한 삶의 방식과 노하우를 접하면서 시야가 넓어지는 것은 덤입니다. 다른 사람들이 수년, 수십 년에 걸쳐 애쓰며 이루어 놓은 실적을 투자 대비 저렴한 비용으로 인생 공부를 할 수 있기도 하고요. 빳빳한 새 책을 넘기는 재미 또한 좋습니다.

한편 묵혀둔 지혜를 곳곳에 숨겨둔 곳이 도서관입니다. 저희 가족은 주일 예배 후에는 무슨 일이 있어도 온 가족이 도서관에 갑니다. 아이와 가장 행복한 나들이 코스가 아닐까 싶습니다.

동네 도서관에 가보셨나요? 쾌쾌한 종이 냄새며 누군가의 손 때 묻은 책들도 정겹습니다. 도서관 주변은 숲이 우거져 있어 공기도 좋습니다. 쾌적한 환경을 조성하기 때문에 숨도 한번 크게 쉬어보게 됩니다.

"어머, 이 나무에 뭐가 달렸네? 세상에, 모과가 달렸어!", "우와, 콩이 밭에서 나는 줄 알았는데 나무에서 열리네!" 하면서 도시 생활에서는 절대 볼 수 없는 색다른 것들을 만나기도 합니다.

책을 읽다 보면 '누구나 다 아는 거 아니야?' 하고 가끔 뻔하고 심드렁하게 느껴지는 것들도 있습니다. 그러나 읽는 사람에 따라 그 책은 만 원짜리 종이가 되기도 하고, 천만금의 다이아몬드가 되기도 합니다. 열심히 밑줄 치고 실행에 옮기지 않으면 그것 또한 두꺼운 종이에 불과합니다. 결국, 누구나 알고 있는 것이라도 시행하느냐 안 하느냐의 문제입니다.

단 한 권의 책이라도 의미 없는 활자는 없습니다.

엄마의 몸과 마음의 건강이 제일 소중하다

꼭 필요한 작은 가게 창업 노하우 9가지 - ❼

건강이야 두말하면 입이 아프지요. 아프면 이 모든 것이 무슨 소용이겠어요. 마음의 행복은 몸의 건강과도 직결됩니다. 마음이 아프면 몸도 아프니까요. 또 내가 행복해야 행복한 에너지를 고객과 수강생에게 전할 수 있습니다. 내가 만드는 음식, 내가 전하는 메시지는 분명 전달받는 사람에게 영향을 주기 마련입니다.

돈을 많이 번다고 마냥 행복하진 않을 겁니다. 세상에는 부자인데 불행한 사람들도 많지요. 해가 지날수록 '진짜 행복'에 대한 고찰을 자주 하게 됩니다.

아이의 다섯 번째 생일이 되던 해부터 저희 가족은 의미 없는 생일파티는 하지 않기로 했습니다. 그동안 생일파티를 대단하게 한 것도 아니고 작은 선물 하나에 케이크 촛불을 부는 조촐한 정도이긴 했지만, 그렇다고 모든 아이들에게 당연한 것은 아니겠지요. 이런 형식적인 게 뭐 대수인가 싶습니다. 대신 그날은 더 어려운 친구들과 아픈 친구들을 직접 찾아가기로 약속했습니다. 아이 생일을 맞아 살아있다는 감사함과 세 끼 밥을 먹는 감사함을 느끼게 해주고 싶어서입니다. 아마도 제가 느끼게 해주려는 것보다 아이는 더 많은 것을 보고, 듣고, 얻겠지요. 아직 어려 서운해할 생일 케이크는 직접 만들어 주기로 약속했습니다. 이로써 저희 가족은 딱 한 걸음 더 행복해지기로 한 셈입니다. 365일 중 매년 하루는 이렇게 보내기로 했으니까요.

우리는 매일 아침 365번의 행복을 선택하고 결정할 수 있습니다.

모든 창업자들이 지금보다 선한 목표, 선한 영향력을 가지고 더 많은 사람들을 변화시켜야겠다는 생각으로 일하면 어떨까요? 저로 인해 인생의 새로운 길을 걷는 사람들을 보며 늘 자신을 다잡곤 합니다. 그분들은 제가 오늘 더 잘 살아야 할 이유이기도 합니다.

멀리 가려면 함께 가라

꼭 필요한 작은 가게 창업 노하우 9가지 - ❽

출산과 육아로 인한 경력 단절로 침체된 분들을 만나면서 느낀 안타까움은 이내 행동으로 옮겨졌습니다. 조금씩 발걸음을 내디디면서 한 가지씩 이루어 나간 것들이 저를 멘토로 여기는 이들에게 얼마나 큰 꿈일지 알게 되면서 더욱 게을리 할 수가 없습니다.

그동안 창업 노하우를 가르치며 많은 것을 얻었습니다. 저는 이 책에서 글의 이해를 돕기 위해 수강생이라는 명칭을 사용한 것 외에 교육 현장에서 수강생이나 학생이라는 호칭은 전혀 사용해 본 적이 없습니다. 노하우를 공유하면서 많은 분들을 만났고 그분들은 제게 수강생이 아닌 큰 스승이 되었습니다. 후발주자를 양성하고 그분들이 성장하는 것을 지켜보면서 그 누구도 경쟁이라 여기지 않는 것은 이 시장을 함께 확대하고 더불어 운영해나가는 동반자라고 생각하기 때문입니다.

배웠지만 '배웠다'라고 말하기는 쉽지 않은 시대입니다. 정보는 수시로 쏟아져 나오고, '배웠다'는 함정에 빠지기에는 아직도 배울 것이 많습니다. 또 배우면 배울수록 배움에는 끝이 없습니다. 저는 그들보다 아주 조금 일찍 배운 것들을 나누고, 다시 그들에게 배우는 끝이 없고 한계가 없는 이 일이 참 좋습니다. 넉넉지

않은 능력을 믿고 같이 달리는 분들에게 보답하는 길, 서로에게 힘이 되고 각자
가 지닌 능력을 마음껏 발휘하고 나누는 길, 그 길을 오래도록 걷고 싶습니다.

작은 가게, 시스템을 가지고 성장하라

꼭 필요한 작은 가게 창업 노하우 9가지 - ❾

수강생들에게 새로운 세계를 안내하기 시작하면서 내적 갈등이 계속되었습니다. 케이크와 답례품 주문은 계속해서 들어오는데 도무지 만들 시간이 없었습니다. 판매를 통한 희열과 교육을 통한 보람은 딱히 견줄 수 없을 정도로 박빙이었답니다. 진짜 내가 좋아하는 것에 대한 고민이 다시금 시작되었습니다.

시간이 흐를수록 이렇게 주문과 수업을 병행하다가는 이도 저도 아니겠다 싶었습니다. 십수 년 전 온종일 일만 하다 문을 닫아야 했던 온라인 수제 쿠키 쇼핑몰 사업처럼 될 것 같았습니다.

'진짜 내가 좋아하는 일은 뭐지? 그 일에 집중하자!'

처음 창업을 결심한 이유에 초점을 맞추고, 밀려오는 주문을 줄이고 조절하며 이내 교육 사업을 중심축으로 잡았습니다.

지금은 교육이 저를 대표하는 제품이 된 셈입니다. '대한디저트문화협회'를 설립하여 전국 지점과 다양한 디저트에 대한 연구를 함께하고 대학원 평생교육원, 문화센터, 여성기관 등에서 수제 디저트 창업반도 교육하고 있습니다. 단지 디저트 기술만 가르치는 것이 아니라 '사장 엄마'를 인생 키워드로 삼으면서 만만치 않은 사장 엄마의 길을 조금 완만하게 걸을 수 있도록 돕는 멘토의 역할도 계속하고 있습니다. '사장 엄마'와 '여성 창업'을 주제로 한 강의에 러브콜이 잇달으면서 자연스럽게 여성 창업자들을 많이 만납니다. 육아에 지치고, 자신을 잃은 그들에게 진심으로 인생 2막을 만나게 해주고 싶었습니다.

저는 효율적으로 시간을 사용하고 관리하기 위한 시스템을 만들어 나가는 데 주력하고 있습니다. 내부 교육과 외부 강의, 그리고 특히 판매에 박차를 가할 수 있도록 매뉴얼을 갖추어 나가고 있습니다.

현재 '디저트 마스터' 등의 다양한 민간 자격증을 발급하여 일자리를 모색하고 경력을 쌓는 데 도움을 주고 있으며, 기술적인 면을 넘어 창업자의 전반적인 운영 능력을 키우는데 더 많은 시간을 쏟고자 합니다.

더불어 여성 창업에 대한 밀도 있는 연구도 외향적으로 계속되고 있습니다. 일과 가정, 안팎으로의 사장 엄마들을 양성하는 일, 더 넓게는 청소년과 여대생의 꿈을 키우는 일을 도모하고자 합니다. 때론 냉정하게, 때론 따뜻하게 코칭하며 여성들이 자신의 삶을 만들어 가도록 치유하고 보듬는 일, 꿈이 없어 헤매는 청춘을 살리는 일에 사명감의 무게를 싣고 싶습니다.

특별히 작은 가게라면, 이처럼 세밀하게 꿈을 키워나가는 것이 좋습니다. 작은 가게일수록 확실하게 목표를 세우고 시스템을 구축하는 데 힘을 쏟아야 합니다.

혼자 운영하더라도 시스템은 필요하다

애초에 혼자 하겠다는 마음가짐으로 시작하는 분들도 많습니다. 혼자 모두 감당하기 어려울수록 시스템이 되어줄 장치를 마련하는 것이 좋습니다. 포인트 카드나 쿠폰 시스템을 이용하면 재구매율을 자연스럽게 높일 뿐 아니라 고객 관리에도 유용합니다.

아예 예약제 시스템으로 가는 것도 좋습니다. 항상 몰리는 시간에 더 몰리는 법이죠. 반드시 테이블을 두는 것보다 예약제로 전환하면 혼자 운영하더라도 진땀을 빼는 상황이 적어집니다. 시간에 맞추어 준비하고 대량 주문일 경우 그때그때 인력을 투입하면 매월 인건비 부담감도 줄일 수 있습니다.

맞춤 시스템을 만들어 나간다

작은 가게라 해도 직원이 교체되거나 갑자기 자리를 비우는 일이 생기면 당황합니다. 될 수 있으면 사장이 어떤 업무든 할 줄 아는 것이 가장 좋겠지요. 다음과 같은 목록을 참고하여 어떠한 상황이 생겨도 일관성 있게 운영할 수 있도록 표준화된 시스템을 갖추는 것이 좋습니다.

오픈/마감 체크 리스트
베이커리 레시피 리스트
유통기한 리스트
물품 재고 리스트
식자재 재고 리스트
일별/월별 정산 일지

거창한 시스템보다 당장 실천할 수 있는 시스템을 갖추는 것이 좋습니다. 주먹구구식에 머무르지 않고 매장별 맞춤 시스템과 매뉴얼을 정착시키면서 성장하는 기쁨을 맛볼 수 있습니다.

오늘날 삼성은 1930년대 대구에서 건어물과 과일을 팔던 아주 작은 '삼성상회'로부터 시작했다는 것을 잊지 말아야 합니다. LG는 1947년 '락희금성'이라는 작은 구멍가게에서 시작했다는 것도 기억해야 합니다. '잉글런드'라는 작은 가게는 '이랜드'라는 법인으로 성장했죠.

'작을수록 꿈은 원대하게, 아이디어는 창조적으로, 시스템은 체계적으로, 실행은 담대하게!'

창업자가 평생 지니고 가야 할 마음가짐입니다.

엄마의 창업, 진짜 나를 찾는 최고의 길

창업 3년 내 폐업률은 85%에 육박합니다. 지난 10년간 자영업자의 실존율은 16.4%라고도 합니다. 도시락 싸 들고 창업을 말린다는 이때 '창업하세요' 혹은 '창업하지 마세요'라며 단순한 길을 제시하고 싶지는 않습니다. 더구나 '창업하면 너무 좋아요!'라고 무조건 창업을 미화시킬 생각도 없습니다. 각자 상황과 환경에 따라 그 크기가 다를 뿐 창업은 원래 힘든 것입니다.

그런데 늘 궁금한 것이 있었습니다. 90%가 망한다 한들, 그럼 나머지 10%는? 그중 상위 몇 %는 소위 대박이라 부를 수 있을 것이고, 나머지는 유지 정도만 하고 있을 수도 있습니다. 확실한 것은 아무리 레드오션이라 해도 잘해 내는 사람들이 있습니다. 저는 창업 초기 그분들을 보며 꿈의 크기를 키웠습니다.

여성들에게 창업을 권하는 진짜 이유가 있습니다. 창업하면서 '진짜 나'를 찾기 때문입니다. 저는 창업을 '나도 몰랐던 나를 알게 해주는 인생의 재발견'이라 생각합니다. 제가 바로 그랬거든요.

결과물이 주는 성취감보다 과정에서 일어난 삶의 질적인 변화는 이루 말할 수 없는 기쁨과 감사를 안겨줍니다. 무엇보다 기술을 가질 수 있고 그것이 평생 자신의 것이라는 사실은 직장을 다닐 때 삶의 만족도와는 분명 다릅니다. 누군가에게 월급을 받는 것이 아니라 자신을 고용하는, 주체가 뒤바뀐 삶은 늘 역동적입니다.

직장 생활을 하며 살았던 지난날들과 육아, 가사만 알고 지냈던 하루하루도 물론 지금의 나를 있게 만든 소중한 시간입니다. 하지만 나를 위한, 내가 진정 하고 싶은 일이 있어도 행하지 못한다면 진짜 내 안의 소리에 귀를 기울이고 결단과 용기를 내는 것이 좋습니다.

그동안 왜 우리는 '나'보다 중요한 우선순위가 그렇게 많았을까요.

"첫 주문이 들어 왔어요!"
"첫 수업을 하게 되었어요!"
"서른 넘어 적성을 찾았어요!"

벅찬 음성으로 들려주시는 이야기들은 제 가슴을 촉촉하게 적시곤 합니다. 한 분 한 분마다 사연 없는 창업은 없지요. 창업을 이룬 이야기도 감동적입니다. 수업 때마다 울음바다가 되는 경우는 왜 그리 많은지요.

조용한 시간 저 자신에게 질문을 던져보곤 합니다.

'만약, 내가 지금 하는 일을 하지 않았더라면? 다시 태어난다 해도 이 일을 하고 싶은가?'

질문과 동시에 마음 속 깊은 울림이 느껴집니다. 수업을 통해 만난 한 분 한 분의 얼굴이 떠오르기도 합니다. 때때로 눈시울이 붉어지기도 하고요. 수강생들이 표현해 주신 감사 연락과 멀리서 애써 보내주신 아기자기한 선물들도 잊지 못합니다.

고요한 새벽, 수강생들의 이름을 적으며 기도합니다. 이때 저의 일을 진심으로 사랑한다는 것을 확인하곤 합니다. 완전히 다른 인생 2막을 여는 일, 가지 말아야 할 길을 막는 일, 누군가의 운명을 바꾸는 직업은 참 멋진 일이라는 생각이 듭니다.

'조금 더 일찍 이 일을 만났더라면….'

다시 태어난다 해도 이 일을 선택하고 싶습니다.

온/오프라인 시장에서 판매하기

작은 가게 창업 콘셉트 정하기 - ❶

로드(오프라인) 매장을 준비할 때는 고려해야 할 점이 많습니다. 원하는 상권의 특성도 즈의 깊게 조사해야 하고, 상권의 역동적인 변화도 감지해야 하고요. 우리가 가장 중요하게 여기는 '목'도 좋아야겠죠.

하지만 수제 쿠키나 샌드위치를 아이템으로 정할 경우 사실 목이 가장 중요한 요소는 아닙니다. 보통 3~5일 전 주문제로 이루어지고 테이크아웃/픽업제로 방향을 잡기 때문에 무조건 유동인구가 많은 곳에 무리하게 자리 잡을 필요는 없습니다. 사람이 지나치게 많은 곳은 오히려 작업하는데 방해가 될 경우도 종종 있기 때문입니다.

얼마나 파느냐는 중요하지 않습니다. 매출이 높다 한들 임대료와 관리비로 빠지고 순이익이 없다면 잡히지 않는 거품 같은 것이지요. 즉, 얼마나 남기느냐가 중요합니다. 여기에 초점을 두면 창업의 방향성을 바꿀 수 있습니다. 월 200만 원의 임대 계약서에 도장을 찍으려다가 제게 급히 전화를 걸어서 창업 방향을 틀어 다시 알아보신 분도 계십니다. 이렇게 창업의 방향성을 바꾼 수강생들은 대부분 꽤 높은 스입을 올리며 만족하고 있습니다.

　이제는 업의 경계가 모호해지는 빅 블러(Big Blur: 경계 소멸 현상) 시대로써 사실 온·오프라인의 경계가 희미해졌습니다. 온라인 업체들이 오프라인으로 영역을 확대하기도 하고, 오프라인 업체가 온라인 시장에 진출하기도 합니다. 가급적 온·오프라인 시장을 동시에 겨냥해서 매출을 극대화하는 것이 좋습니다.

　인스타그램, 페이스북, 블로그, 트위터, 유튜브 등의 다양한 SNS 채널을 이용한다면 온라인만으로도 얼마든지 홍보와 판매까지 가능합니다. 더욱이 무료로 가입하고 무료로 이용할 수 있는 채널은 비싼 광고비를 들이는 것보다 훌륭한 효과를 줍니다. 따라서 온라인 판매에 집중하려면 진정성 있는 콘텐츠를 생산하는 나만의 플랫폼은 필수입니다. '일회성'이 아닌 '일관성'을 가지고 지속해서 운영하면 좋은 성과를 낼 수 있습니다.

교육가로 창업하기

작은 가게 창업 콘셉트 정하기 - ❷

판매보다 가르치는 것이 적성에 맞는다면 원하는 분야의 기술과 지식의 습득이 우선입니다. 어떤 선생님에게 배우느냐에 따라 맛뿐 아니라 스타일을 포함한 세세한 방식까지 달라질 수 있으므로 학습 기관은 신중하게 선택하는 것이 좋습니다.

교육에서 선생님의 인성은 가장 중요한 면입니다. 내가 가장 잘 안다는 안하무인 한 태도나 진짜 노하우를 쉬쉬 숨기려는 태도는 곤란하죠. 아무리 기술과 지식이 쌓였다 해도 남보다 조금 먼저 시작했을 뿐이며, 나보다 뛰어난 사람은 어디든 있는 법입니다. 누구나 냉랭함이 뚝뚝 떨어지는 똑똑하기만 한 사람보다 사람 냄새나는 사람을 좋아한다는 것을 기억하면 좋겠습니다.

집에서 창업하기 - 홈 클래스

작은 가게 창업 콘셉트 정하기 - ❸

상담 중 자주 듣는 이야기로 집에서 쿠키, 케이크 등의 식품을 판매해 보고자 하는 분들이 생각보다 많습니다.

"저는 소소하게 팔아서 괜찮아요", "SNS를 통해 재료값 정도만 받고 저렴하게 팔려고요"라는 이야기는 매우 위험합니다. 식품을 집에서 판매하다 발각되는 경우 벌금을 내고 영업이 정지됩니다. 식품위생법을 어기는 것으로, 판매에 뜻이 있다면 무조건 오프라인에 공간을 확보해야 합니다.

반면 집에서 교육은 가능하므로 자신만의 콘텐츠를 찾아 실력을 키워 나가며 홈 클래스로 눈을 돌리는 것이 좋습니다. 나만 알고 있던 고유의 콘텐츠는 남과 나누면서 그 가치가 상승합니다. 레슨 경험이 없다면 가족에게 가르치면서 실제 동선을 익혀야 합니다. 처음에는 대상이 없으니 거울 앞에서, 가족 앞에서 연습하세요.

자영업자들에게 가장 큰 고민은 아무래도 임대료겠지요. 홈 클래스를 시작할 경우 초기비용이 크게 들지 않고 임대료가 따로 없으며 관리가 쉽다는 장점이 있습니다. 이 경우에도 간과하기 쉬운 것이 있습니다. 집에서 수업하더라도 사업자 등록증을 내야 하고 수입에 따른 세금도 내야 한다는 점을 기억하세요.

내가 있는 곳 어디서든 창업하기 - 프리랜서 강사

"난 장사하는 사람인데 내가 무슨 강의?"

강의는 전혀 뜬금없는 것으로 생각하시는 분들이 있습니다. 오로지 하나의 일에만 몰두하여 다양한 삶의 기회를 차단해 버리는 것입니다. 고비를 넘겨 탄탄한 자리에 선 자영업자들에게는 각자의 노하우가 있습니다. 여기에 진정성을 담아 타인에게 좋은 영향력을 전달하려는 삶의 목표를 가지세요. 뜻밖의 강의를 통해 나에게 숨겨진 다양한 가능성도 확인할 수 있습니다.

"말을 잘하지 못해서요….”
"사람들 앞에 서기만 해도 떨려요….”

강의를 처음부터 잘하는 사람은 없습니다. 많은 사람 앞에 서는 일이 처음부터 쉬운 사람이 몇이나 있을까요. 처음 하는 강의를 기가 막히게 잘해서 하루아침에 유명강사가 되었다는 사람은 보지 못했습니다. 다행히도 후천적인 훈련과 연습을 거치면 잘할 수 있습니다.

저는 기술을 가르치는 일도 하지만 늘 저와 같은 삶을 살고 싶어 하는 이들에게 등기를 부여해 주고 싶었습니다. 앞이 보일 것 같지 않고 뿌연 안개가 가득한 고개를 하나씩 넘으며 이겨 나갔던 역경과 넘치는 행복의 요인들. 인생의 굴곡이 녹아 있는 이야기를 꼭 전달하고 싶었습니다.

반드시 창업해야만 사장 엄마가 되는 게 아니라 우리는 가정을 이끌어 가는 사장 엄마잖아요. 양면을 어떻게 감당해야 하는지 나누고 싶어서 '사장 엄마'라는 강의를 기획했습니다. 이 강의는 창업에 대해 고심하던 분이 바로 그달 가게를 계약하게 된 계기가 되었습니다.

사장 엄마가 되고 싶은 엄마들의 꿈을 이루고, 흔들리는 사장 엄마들의 마음을 어루만져 주는 것. 그것을 강의로 풀어내면서 숙명으로 생각하고 있습니다.

디저트에 대한 기술적인 면과 더불어 여성 창업, 엄마의 마인드와 맞물린 다방면의 주제로 강의할 수 있다는 것은 큰 경쟁력이 되었습니다.

강의에 꿈을 둔 사람들이 많은 시대에, 강의 역시 남과 다른 그 무엇 하나에 대한 해답을 반드시 찾기를 권합니다.

강의하는 사람에게는 모든 것이 강의 소재가 되고 모든 곳이 강의 자리가 됩니다. 저는 작업 공간을 오프라인에 두고 있지만 최대의 몰입과 집중력을 필요로 할 때는 집에서 연구하기도 합니다. 강의 준비는 지하철 안에서도, 비행기 안에서도 하고 수시로 떠오르는 아이디어는 언제 어디서나 메모합니다. 시대의 흐름에 맞춰 공간에 제약받지 않는 노마드 비즈니스를 가장 이상적으로 생각하며 꿈을 펼치고 있습니다. 장소는 변명일 뿐 내가 있는 그 자리가 어디든 강사로 1인 창업을 시작할 수 있습니다.

자신에게 가능성을 열어 주세요. 어느덧 노동 시간이 아닌, 기술과 지식을 전달하는 가치에 따라 돈이 따라올 것입니다.

창업계획서 작성

창업을 계획했을 때 타인에게 신뢰감을 주기 위해 사업계획서가 필요하기도 합니다. 물론 잘 만들어진 사업계획서는 가족이든, 제휴업체든, 은행이든 충분히 설득의 자료로 쓰일 수 있죠. 이때 남에게 보여주기 위한 사업계획서보다 스스로 사업성을 검토하기 위한 창업계획서를 작성하는 것이 좋습니다. 작업 순서를 효율적으로 구상하여 사전에 꼼꼼하게 준비하기 위해 객관성 있게 작성하고 실현 가능성이 있는 계획을 수립합니다.

"어떻게든 되겠지" 하다가 정말 어떻게 되고 맙니다.

기록하지 않으면 한 번에 갈 길도 몇 번이고 헤매게 되는 것을 명심하세요.

머릿속으로 생각만 하는 창업이 아닌, 문서로 정형화된 사업계획서를 만들어야 합니다. 이때 거창한 사업계획서가 필요한 것이 아닙니다. 불명확하고 비계량적인 것들을 숫자로 적어보고 문자화하면서 뜬구름 잡듯 상상만 했던 창업을 구체적으로 풀어보는 것입니다. 계획서대로 차근차근 밟아나가면 기간을 줄이고 계획적인 창업을 할 수 있습니다. 흔들리지 않는 지침도 함께 세우면 성공적인 경영을 할 수 있습니다.

사업계획서에 들어가면 좋은 내용

구체적인 사업 아이템과 내용

사업의 세부적인 절차

사업 목표

운영자금

자본 규모

운영일수

영업시간

메뉴 계획

예상 수익

차별화

단·장기적인 비전

창업 자금 조달

'이만큼이면 되겠지'라며 주먹구구식으로 창업을 시작하는 사람과 예비 자금까지 확보하고 시작하는 사람은 시작부터가 다릅니다. 특히 자금 계획은 매우 중요합니다. 이리저리 흔들리는 팔랑팔랑한 얇은 귀로는 전 재산을 날리기 딱 좋지요. 창업 자금을 분류하고 계산하면 금전적인 리스크를 예방하는 데 도움이 되고 더욱 명확한 계획을 수립할 수 있습니다.

창업할 때 필요한 자금은 '시설자금+운전자금(경영자금)+예비자금'입니다.

시설자금은 유·무형의 고정자산을 구입하는데 필요한 자금입니다. 사업장을 확보하는 비용이나 설비 등이 해당합니다. 운전자금은 사업을 시작하고 사업운영에 필요한 재료비, 인건비 등의 비용을 의미합니다.

시설자금

- 보증금
- 권리금
- 인테리어비(간판 포함)
- 설비, 시설 구입비

운전자금

- 임대료
- 관리비
- 재료비
- 인건비
- 홍보비
- 기타 경비 및 소모품비

예비자금 시설자금＋운전자금을 여유 있게 6개월 정도 대비한 자금

예비자금이 확보되지 않은 상태에서 운영하다 보면 조바심 탓에 작은 일에도 뾰족뾰족 예민해지기 쉽습니다. 안정적인 경영에서 무엇보다 멘탈 관리가 중요한 만큼 어느 정도의 예비자금은 필수입니다.

월 매출은 어떻게 산출할까요?

1인당 평균 2만 원의 빵을 구입한다고 가정합니다.

객 단가는 2만 원이 됩니다.

1일 구입 고객 수는 15명이라고 가정합니다.

여기에 월 30일 영업을 한다고 가정합니다.

월 매출은 2만 원×15명×30일=900만 원이 됩니다.

위 매장의 경우 임대료는 얼마가 적당할까요?

일반적으로 매출의 5~10%를 임대료로 잡는 것이 좋습니다.

위 매장의 경우 임대료는 45~90만 원 정도가 적당합니다.

이론적으로 쉽게 산출하는 방법을 설명하겠습니다. 지역마다, 점포 상황마다 다르지만 일반적으로 외식업 기준입니다.

매장 임대료가 80만 원이라고 가정합니다.

3일 동안 80만 원의 매출을 낼 수 있는지 산출합니다.

즉, 3일간의 매출로 임대료를 지급할 수 있으면 적절합니다.

사실 창업 및 운영을 하는 데 도움이 되는 계산법을 쉽게 풀어놓은 경우를 보기란 쉽지 않습니다. 또 직장에서 관련 업무를 맡지 않은 이상 첫 창업자에게 이러한 계산은 익숙하지 않아 어렵게만 느껴집니다. 따라서 상품 판매 현황, 판매 내역 등을 세부적으로 기록하고 기초적인 수지계산(수입과 지출의 계산)과 계수 관리를 철저히 해야 합니다. 즉, 이해할 수 있도록 풀어내고 무엇이든 숫자로 산출하는 습관을 기르는 것이 좋습니다.

운영자금은 절대 무리하지 않을 것!
보이지 않는 금액에도 무감각하지 마세요.

* 정기적으로 발생하는 지출은 최대한 낮게 설정하자.(관리비, 임대료 등)
* 비용이 많이 드는 부분 중 인테리어비용을 무시할 수 없다. 모든 시설을 새로 바꾸는 것보다 창업하려는 업종과 비슷한 가게를 하던 곳을 찾으면 설비비용이 덜 들어가므로 자리는 주의 깊게 알아본다.
* 베이킹 매장은 오븐 등의 전기사용량이 많으므로 전력 공급이 부족하여 중간에 전기증설을 하는 경우가 잦다. 신축 건물일 경우 전력 증설작업이 되어 있는 곳이 많고 오래된 건물일수록 전력 공급이 부족할 수 있다. 냉난방기의 전력 소모량까지 사전에 필요한 전력량을 점검하고, 부족할 경우 별도의 비용을 마련해야 한다.

* 정화조 용량이 부족하면 영업 신고에서 허가가 나지 않을 수 있다. 정화조 용량도 사전에 체크하자.

* 수도 공급 상태를 점검하자.

* 도시가스 공급 계약을 확인하자.

* 일 매출, 월 매출, 테이블 객 단가, 재료 원가 등의 통계를 작성하여 순익을 분석하는 습관을 갖자.

창업자금을 꼭 도움 받아야 한다면 다음과 같은 기관들을 살펴볼 수 있습니다. 단, 욕심은 금물입니다. 눈먼 돈이 아니라 저리로 대출받을 수 있는 자금이에요. 빌려 쓰는 것이니 결국 빚이라는 것을 명심하고 자금을 상환할 계획도 미리 세워 두어야 합니다.

1. 소상공인지원센터

2. 근로복지공단

3. 한국여성경제인협회

4. 중소기업진흥공단

5. 아름다운재단

6. 서울신용보증재단

7. 시중 금융기관 자금 대출

입지 선정/확보

작은 가게 실전 창업 절차: 창업 로드맵 그리기 - ❸

현장 조사를 통해 상가 입지를 분석합니다. 역세권도 좋고 번화가도 좋지만 보유한 자금에 알맞은 자리를 알아보는 것이 좋습니다. 눈으로 좋아 보이는 상권에 현혹되지 마세요. 누가 봐도 될 만한 자리란 권리금, 보증금, 임대료 모두 비싸기 때문에 임대료가 비교적 저렴하고 초기 투자비용도 많이 들지 않는 곳을 찾아야 합니다. 소자본 창업에 초점을 맞추세요.

상권 분석 시 고려할 사항

경쟁 업종과 유사 업종의 분포도 조사

유동 인구 수, 유동 인구가 가장 활발한 시간대

터미널, 횡단보도 앞, 역세권, 번화가, 아파트 등의 상권 파악

부동산 시세 확인

* 마음에 드는 자리는 가게 면적과 층수, 건물의 노후도, 화장실뿐 아니라 주차장 사용 여부 등을 세밀하게 체크한다.

* 비싼 월세는 차후 가게를 내놓을 때 발목 잡힐 수 있으니 주의해야 한다.

* 좋은 자리란 투자비용 대비 충분히 수익을 창출할 수 있는 자리이다.

점포 계약

작은 가게 실전 창업 절차: 창업 로드맵 그리기 - ❹

임대차 조건, 계약 기간 등을 충분하게 검토할 때 다음과 같은 사항을 고려합니다.

고려할 사항
- 법률적인 하자 여부
- 권리금
- 보증금
- 임대료
- 건물주의 평판

* 매월 지급할 월세는 언제부터 발생하는지 한 번 더 체크하자.

* 등기부 등본, 건축물 관리대장을 열람해 저당권 설정, 압류, 가압류 등의 문제를 확인하자. 금융권의 담보 설정을 확인할 수 있으므로 건물의 안정성을 체크할 수 있다.

* 근린생활시설인지 건물의 용도를 확인하고 선택한다.

* 권리금은 정해진 기준이 없고, 권리금에 대한 법적 규명이 없다. 법적으로 인정되거나 보호되지 않기 때문에 지급 전에 신중히 체크한다.

* '계약 기간 만료 시 점포는 원상 복귀한다'는 등 건물주가 내거는 특약 조건이 있는지 반드시 확인하자.

* 건물주의 인성적인 부분은 계약 기간 내내 중요하게 작용한다.

* 일반적으로 건물주가 따로 통보하지 않으면 계약은 1년씩 자동 연장된다.

* 보증금은 계약 1년 동안 법적으로 인상할 수 없다는 것을 알아두자.

개업 절차

사업자 등록

사람이 태어나면 출생신고를 하고 주민등록번호를 부여받죠. 사업자 등록증이란 사업자가 갖는 주민등록증 같은 것입니다. 사업하는 사람이라면 누구나 사업자 등록을 해야 하고 자신의 고유한 사업자 번호를 가집니다. 사업자 등록을 하지 않으면 부가가치세법상 미등록가산세가 부과됩니다.

사업자 등록을 하려면 사업을 시작하고 20일 이내에 사업장 주소지의 담당 세무서에 방문합니다. 간단한 서식을 작성하고 갖춘 서류를 제출하여 신청합니다. 굳이 세무서에 방문하지 않더라도 국세청 인터넷망인 홈택스(wwww.hometax. go.kr)에 접속하여 아이디를 만든 후 신청할 수 있으며 이때 공인인증서가 필요합니다. 보통 임대차 계약서를 준비하면 되고, 업종별로 추가로 필요한 부대 서류가 다르니 담당 관공서 민원실에 확인하여 첨부할 수 있도록 준비합니다. 홈택스로 신청이 완료되면 집에서도 사업자 등록증을 출력할 수 있습니다.

사업자 등록 시 연 매출액이 4,800만 원 미만일 것으로 추정하면 간이 과세자로 신청합니다. 연 매출액을 4,800만 원 이상으로 예상하면 일반 과세자가 되는 것입니다. 그러나 간이 과세자로 사업자 등록을 해도 연 매출액이 4,800만 원을 초과하면 일반 과세자로 자동 전환됩니다.

일반 사업자는 간이 과세자보다 내야 하는 세금이 조금 더 많습니다. 하지만 세금계산서를 정식으로 발행할 수 있는 자격이 되므로 추후 금융권에서 융자를 받을 때 유리하기도 합니다. 간이 과세자는 세금계산서를 발행할 수 없습니다. 큰 거래처와는 거래하기 어렵고, 금융권에서 융자받을 때 불리할 수 있습니다.

* 사업자 등록에 필요한 서류

사업자 등록 신청서 1부(세무서에 비치)

임대차계약서 사본 1부(사업장을 임차한 경우, 본인 명의의 계약서)

신분증

보건증 신청

보건증은 위생업소 종사자들이 건강진단을 하고 받는 일종의 증명서입니다. 병원에서 발급할 수 있지만 검사가 두 가지로 매우 간단하고 보건소가 더욱 저렴하드로 보건소에 방문하면 됩니다.

결과는 검진 일주일 후 영수증이나 신분증을 지참해 방문 수령할 수 있습니다. 공동 보건포털 사이트에서도 발급할 수 있으며, 본인의 공인인증서를 준비해야 합니다. 주민센터 무인발급기에서도 가능하니 참고하세요.

장소 사업장 소재지 담당 보건소

구비할 것 신청서 작성(보건소 구비)

신분증(주민등록증, 여권, 운전면허증 등)

수수료 1,500원(체크 또는 신용카드 결제 가능)

검사 장티푸스, 엑스레이

위생 교육

창업을 시작한 신규 영업자뿐 아니라 기존 영업자도 의무적으로 1년에 1번씩 받아야 하는 법정 교육입니다.

위생 교육은 온·오프라인 교육으로 진행되어 사업자가 선택하여 수료할 수 있고 온라인 교육 수강 시 비용이 발생합니다. 또한 해당 연도 교육 미 수료 시 과태료가 부과되므로 수강 기간을 확인하여 반드시 교육 기간 내에 교육을 이수해야 합니다.

일반음식점: 한국외식업중앙회 02)3672-3231~6

카페: 한국휴게음식업중앙회 02)425-6126~8

식품제조가공업, 즉석판매제조·가공업: 한국식품산업협회 02)3470-8150

영업 허가

식품을 판매하고자 한다면 정부로부터 영업에 대한 허가를 받아야 합니다. 정확한 업종에 따라 추가 서류가 필요할 수 있으므로 구청이나 시청 위생과에 확인 전화 후 방문하는 것이 좋습니다.

① 즉석식품제조가공업

점포 내에서 즉석으로 식품을 만들어 소비자에게 직접 판매하는 것을 즉석판매제조가공업이라 합니다. 떡, 베이킹 매장, 샌드위치, 수제청, 반찬가게 등의 업종에서 가장 쉽게 선택할 수 있는 형태입니다. 허가의 개념이 아닌 신고 대상이기 때문입니다.

생산한 제품을 카페나 기타 업체 등 외부로 유통하여 납품할 수는 없지만 온라인, 전화를 통한 주문이 가능하고 전국에 택배로 배송할 수도 있습니다. 반드시 최종 소비자에게만 제품 판매가 가능하다는 점을 기억해야 합니다.

구비서류
- 식품영업신고서(사업장 지역의 해당 시/군/구청 비치)
- 식품제조방법설명서(사업장 지역의 해당 시/군/구청 비치)
- 위생 교육 수료증
- 본인 신분증
- 보건증
- 면허세 납부(카드/현금 모두 가능)
- 증지수수료 납부(카드 사용은 불가한 곳 있으니 방문 전 확인)

② 식품제조가공업

식품을 원하는 곳에 납품하려면 절차가 까다로워집니다. 오픈 시 허가사항도 까다롭지만 오픈 후 정기적으로 제출하고 신고해야 할 사항도 간단하지만은 않습니다. 이를 '식품제조가공업'으로 분류하고 있는데요. 사용방법 설명서, 품목 제조 보고서(식품군별), 제조 방법 설명서, 유통기한 설정 사유서 등을 제출해야 하고 9대 영양성분검사, 자가품질검사를 통해 제품의 재료와 영양성분도 진단받아야 합니다.

구비서류
- 식품영업신고서
- 식품의 종류 및 제조방법 설명서
- 위생 교육수료증

통신 판매

온라인 판매의 경우 구입 안전서비스 이용 확인증을 발급해야 합니다. 은행에서 가능하며 인터넷을 이용하거나(민원24) 구청을 방문하여 통신 판매업 신고를 합니다.

창업하고 나서 알게 된 것,
창업하고 나서 꼭 이야기하고 싶었던 것 7가지

첫째, 창업 구비서류인 신분증, 사업자 등록증, 사업자 통장, 임대차계약서는 항상 잘 보관하고 소지하는 것이 좋습니다. 언제 어느 때고 수시로 필요한 서류이기 때문입니다.

둘째, 상호는 창업 전에 닥쳐서 생각하면 마음에 들지 않을뿐더러 쉽게 바꿀 수도 없습니다. 행정 절차로는 간단하지만 이미 소비자에게 새겨진 이미지를 완전히 바꾸기란 쉽지 않기 때문입니다. 당장 창업이 아니더라도 평소에 상상의 나래를 활짝 펴고 미리 상호를 준비하는 것이 좋습니다. 나만의 가게를 연다고 상상할 때 쉽고 기억하기 좋은 상호, 독특하고 의미 있는 상호 등을 기록해도 좋습니다.

셋째, 도구나 재료 또는 물품 구입 등은 막상 필요할 때 주문하거나 사러 가면 품절이거나 준비하지 못하는 상황이 오기도 합니다. 그러므로 작은 것 하나하나 미리 여유 있게 준비하는 것이 좋습니다.

넷째, 눈대중과 손맛을 믿지 마세요. 일정한 맛의 유지를 위해 자신만의 매뉴얼은 필수입니다.

다섯째, 고객이 찾아오기만을 기다리지 마세요. 다양한 프로모션을 도입하고 꾸준히 알리는 일에 힘쓰세요. 고객은 가만히 있어도 찾아온다는 것은 어리석은 생각입니다.

여섯째, 장사가 잘될 때 더 긴장해야 합니다. 잘 되고 나서도 잘 나가는 이유를 스스로 분석하여 초심을 잃지 않고 배움을 게을리하지 않는다면 어떤 위기에도 흔들리지 않는 진정한 창업자가 될 것입니다. '장사꾼'이 아닌 '유능한 경영자'가 되겠다는 마인드로 꾸준히 공부해야 합니다. 성공한 창업자들이 그 자리에 오르기까지의 숨은 노력은 절대 가볍지 않습니다. 염탐하고 비판하는 태도를 버리고 공손하게 배우는 자세로 연구해 보세요. 돈 주고도 살 수 없는 노하우를 찾을 수 있습니다.

일곱째, 세금 공부는 필수입니다. 특히 부가가치세의 개념에 대해 공부해야 합니다. 전체 매출에서 공급가액 10%에 해당하는 금액이 부가가치세입니다. 신규 창업자는 첫 해에는 예정 신고로 부가가치세를 신고합니다. 종합소득세는 1년에 1번, 5월에 납부하는 세금이며, 누진세로 소득이 높을수록 납부해야 하는 금액도 높아집니다.

종합소득세 신고 및 납부 기간: 매년 5월 1~31일
부가가치세 신고 및 납부 기간: 매년 1월, 7월(6개월 단위)

세금 폭탄을 맞지 않으려면 세금 관리를 제때 잘 해야 합니다. 부가가치세와 종합소득세 세금 신고도 국세청 홈텍스 사이트(wwww.hometax.go.kr)에서 가능한 점을 참고하세요.

알아두면 좋은 수제 디저트 노하우 6가지

1. 머랭 만드는 방법

달걀흰자에 설탕을 넣고 거품기나 핸드 믹서로 거품 낸 것을 '머랭'이라고 합니다. 머랭은 부드러운 식감과 바삭한 식감을 낼 때 사용합니다. 머랭을 만들 때는 네 가지만 기억하세요.

> **첫째,** 볼과 휘핑기에는 물기, 이물질이 없어야 한다.
> **둘째,** 달걀흰자에 노른자가 들어가지 않도록 분리할 때 주의한다.
> **셋째,** 달걀의 신선도가 머랭의 상태를 좌우하므로 가급적 신선한 달걀을 사용한다.
> **넷째,** 머랭이 완성되면 빠른 시간 내에 사용해야 한다. 시간이 오래 걸리면 달걀흰자 구조가 무너져 머랭이 꺼진다.

깨끗한 볼에 달걀흰자를 넣고 설탕을 두세 번에 나눠 넣으며 거품기로 빠르게 휘핑하여(또는 핸드 믹서를 고속으로) 거품을 만들어요. 곧 새하얀 머랭이 만들어집니다. 제품에 따라 필요로 하는 머랭의 상태는 다르지만, 보통 거품이 주르륵 흐르지 않고 거품기를 들었을 때 끝이 살짝 휘는 뿔이 생길 정도로 거품을 냅니다.

0%: 달걀흰자를 볼에 담은 상태

60~70%: 거품기로 머랭을 들었을 때 힘 없고 뿔이 휘어지는 상태

80~90%: 거품기로 머랭을 들었을 때 힘 있고 뿔이 단단한 상태

2. 생크림 휘핑하는 방법

거품기나 핸드 믹서로 생크림의 거품을 풍성하게 내는 과정을 '휘핑한다'라고 표현합니다. 생크림을 휘핑할 때는 세 가지만 기억하세요.

첫째, 깨끗한 볼을 준비한다. 볼에 물기, 기름기가 남아 있으면 거품이 나지 않는다. 생크림을 거품낼 때도 물이 들어가지 않도록 주의한다.

둘째, 차가운 생크림을 사용한다. 냉장고에서 차갑게 보관한 생크림을 담은 볼 밑에 얼음을 넣은 그릇을 받치고 휘핑하면 거품이 잘 난다.

셋째, 너무 오래 거품을 내면 크림이 분리되고 푸석푸석하게 거칠어지니 과하게 휘핑하지 않는다.

① 볼에 생크림과 설탕을 넣어요.
② 볼을 얼음물에 받치고 핸드 믹서로 거품을 내요.
③ 고속으로 거품을 내다가 거품이 단단해지면 원하는 농도가 될 때까지 계속 거품을 내요.

3. 반죽하는 방법

손으로 치대어 한 덩어리로 뭉치기

쿠키 반죽을 한 덩어리로 뭉치면 재료가 고루 뭉쳐져 모양을 잡기 쉽고 분할하기도 수월합니다. 이때 반죽을 마구 주물러 치대면 굽고 난 후 제품이 딱딱해지므로 손으로 가볍게 꼭꼭 눌러가며 한 덩어리로 뭉칩니다.

고무 주걱을 세워 가르듯 섞기

글루텐 형성을 최소화하기 위해 반죽을 가볍게 섞는 방법입니다. 쿠키나 머핀을 만들 때 가루류를 넣은 다음 소위 떡처럼 되는 식감, 또 질긴 식감을 막고자 고무 주걱을 세워 반죽을 가르듯 섞는다고 표현합니다. 반죽을 섞을 때 체에 내린 가루를 넣고 고무 주걱으로 11자를 그리며 섞습니다.

① 볼에 가루류를 넣고 한 손으로 볼을 잡은 다음 한 손으로는 고무 주걱을 잡습니다.

② 시계 반대방향으로 볼을 조금씩 돌리면서 주걱을 세워 반죽을 긋는 느낌으로 가볍게 섞어요.

③ 반죽을 몇 번 긋고 고무 주걱을 밀착시켜 바닥에 있는 가루 재료를 끌어올린다는 느낌으로 볼의 옆면을 정리하며 날가루가 보이지 않을 때까지 섞습니다.

4. 짤주머니 사용 방법

① 짤주머니 안에 깍지를 집어넣어요.

② 짤주머니에 반죽을 담고 스크래퍼나 딱딱한 고무 주걱 등으로 반죽을 짤주머니 아래쪽으로 밀어 짤주머니 안의 공기를 빼요.

5. 자주 쓰는 용어

중탕 버터나 초콜릿을 녹일 때 볼이나 냄비에 물을 넣고 뜨겁게 적정 온도까지 끓인 다음 재료가 담긴 볼을 올려 간접적으로 녹이는 방법을 말합니다. 재료에 물과 불이 직접 닿지 않도록 하는 작업입니다.

아이싱 달걀흰자, 우유, 물 등에 레몬즙, 슈거 파우더 등을 넣어 만든 반죽을 보통 '아이싱'이라고 합니다. 이 재료들을 섞어서 제품 위에 칠하거나 흘려 입히거나 컵케이크 또는 케이크 표면에 크림을 바르는 것을 '아이싱한다'라고 표현해요.

휴지 섞어 만든 반죽을 비닐에 넣어 어느 정도 쉬도록 냉장하는 것을 '휴지시킨다'라고 표현합니다. 반죽을 휴지시키면 반죽 안의 재료가 안정되고 서로 어우러지면서 반죽의 수축이 덜 되고 식감도 바삭해집니다. 빵은 발효 후 반죽을 실온에 잠시 두는 것도 휴지시키는 과정입니다.

6. 오븐 사용 방법

오븐용 온도계 사용하기

설정한 온도에 도달했는지 제대로 알 수 있는 방법은 오븐용 온도계를 사용하는 거예요. 오븐 안어 오븐용 온도계를 넣어두면 정확한 온도를 확인할 수 있어 좋습니다.

굽고자 하는 레시피 온도보다 5~15℃ 정도 더 올려서 예열하기

오븐 안에 반죽을 넣을 때는 제시된 레시피 온도보다 올려서 예열합니다. 오븐 문을 열고 반죽을 넣을 때 안에 있던 열이 바깥 공기와 만나 순간 열이 떨어집니다. 그러므로 제품을 넣고 구울 때도 오븐 내부의 열이 빠져나가기 때문에 오븐 사용 중간에 오븐 문을 되도록 자주 열지 않드록 합니다. 제품을 넣은 다음에는 레시피에 제시된 원래의 적정 온도대로 다시 낮추세요. 오븐에 구울 제품이 많아지면 열이 여러 곳으로 분산되므로 제품 양에 따라 온도를 10~40℃ 정도 높입니다. 굽는 시간을 늘려 조금 더 충분히 굽는 것도 도움이 됩니다.

굽기 약 10~20분 전에 미리 예열하기

오븐 안에 반죽을 넣기 전에는 반드시 미리 오븐을 켜둡니다. 오븐은 전원을 켜고 작동시킨다 해서 바로 적정 온도에 도달하지 않기 때문에 오븐이 충분히 열을 만들 수 있도록 시간을 줘야 합니다. 오븐 제조사나 사양에 따라 예열 시간은 각각 다르지만, 짧게는 10분 미만부터 15분 정도 예열합니다.

Epilogue 책을 닫으며

유난히 빵 냄새가 맛있게 느껴져 발길이 멈춰지는 장소가 있을 거예요.
코끝에 퍼지는 고소한 냄새에 저절로 기분이 좋아지는 곳 말이지요.

매일 아침 오븐이 주는 온기로 가득한 집
건강하고 맛있는 디저트를 기쁘게 내어주는 가게

그런 달콤한 집과 달콤한 가게가 되길 바라는 마음에서 페이지를 채워 나갔습니다.
나의 손길, 나의 마음이 오롯이 깃든 디저트와 함께라면
우리들의 일상은 조금 더 행복해질 거예요.

일상의 소소했던 하루가 두근거리기 시작했습니다.
심드렁했던 것들이 매일 새롭게 보이는 기적 같은 날이 계속되는 이유는
한 가지에 열중하고부터였습니다.

내 손으로 직접 만드는 디저트에 빠지고
어떻게 만들어 어떻게 팔 것인가에 대한 연구가 매일 밤 이어지면서,
디저트는 저를 거쳐 간 분들의 삶뿐 아니라 저 자신도 놀랍게 변화시키고 있었습니다.

창업반 교육을 진행하며 해마다 깊이 느낀 점은
마음은 간절한데 방법을 모르는 분들이 많다는 것입니다.
시작이 두려운 분들, 방향을 헤매는 분들에게 힘을 드리고 싶었습니다.
그래서 하루하루 꿈꾸는 이들과 소통하며 전혀 다른 삶의 길을 열어주는 데 힘쓰고 있답니다.

실패도 시작하는 사람에게만 주어집니다.
그리고 실패를 거듭한 사람만이 프로에 가까워집니다.

누구보다 멋지게 잘 해낼 당신!
현명하고 용기 있는 출발을 응원합니다.

건강이 허락하는 한 이 책의 독자분들과 늘 함께 호흡했으면 좋겠습니다.